과학에서 인문학을 만나다

과학에서 인문학을 만나다

김유항 · 황진명 지음

챗GPT의 시대
인문학에서 답을 찾다

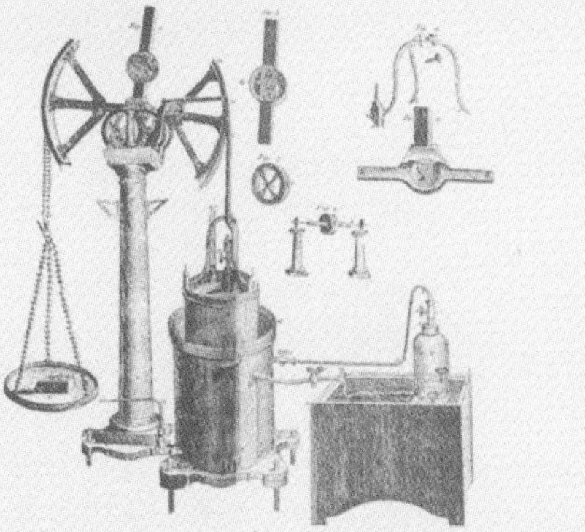

경기도
2023
경기도 우수출판물
제작지원 선정작

사과나무

과학에서 인문학을 만나다

초판 1쇄 발행 2023년 10월 10일
초판 2쇄 발행 2024년 10월 10일

지은이 김유항, 황진명
펴낸곳 도서출판 사과나무
펴낸이 권정자
등록번호 1996년 9월 30일(제11-123)
주소 경기도 고양시 덕양구 충장로 123번길 26, 301-1208
전화 (031) 978-3436
팩스 (031) 978-2835
이메일 bookpd@hanmail.net
블로그 http://blog.naver.com/giruhan
트위터 @saganamubook

ISBN 978-89-6726-059-0 03400

* 이 도서는 2023 경기도 우수출판물 제작지원 사업 선정작입니다.

"새로 열린 고랑을 밟고, 완전한 행동의 자유를 느끼고,
사방에 연구를 위해 새로운 전망이 열리는 것을 보는 것은
독창적인 연구의 순수한 즐거움을 경험한 사람들만이
완전히 이해할 수 있는 기쁨을 가져다 준다."

– 앙리 무아상

머리말

챗GPT의 시대, 인간성의 근원을 탐구하다

2022년 11월 30일 오픈 AI 사가 인공지능 챗봇 챗GPT를 공개한 뒤 단 5일 만에 하루 이용자가 100만 명을 돌파하며 돌풍을 일으켰다. 챗GPT는 자료 연구, 논문 작성, 번역, 작사·작곡, 코딩 작업 등 광범위한 분야의 업무 수행까지 가능하다는 점에서 기존 AI와는 확연히 다른 면모를 보인다. 특히 논리적인 대화 능력이 탁월한 것으로 알려졌다.

그런데 인공지능의 역사는 비운의 천재 수학자 앨런 튜링으로 거슬러 올라간다. 1950년 튜링은 시대에 앞서 "기계가 생각할 수 있는가?(Can Machine Think?)"라는 도발적인 질문을 던진다. 그는 이 논문에서 기계가 생각할 수 있는지 테스트하는 방법, 지능적 기계의 개발 가능성, 학습하는 기계 등에 대해 기술했다.

만일 질문자가 답변자 중 어느 쪽이 사람이고, 어느 쪽이 기계인지를 제대로 밝혀낼 수 없다면 기계는 지능을 가진 인공지능 기계라

할 수 있다는 것이다. 그로부터 9년이 지나 전자 기술이 발달하면서 튜링 아이디어의 로직을 실제 엔지니어링으로 바꾸는 것이 현실적으로 가능하게 되었다. 이 기술을 현실화한 튜링머신은 존 폰 노이만 교수에게 영향을 주어 현대 컴퓨터 구조의 표준이 되었으며 이것이 인공지능 역사의 시작이라 하겠다.

과학의 역사를 되돌아보면 시대별로 과학기술의 발전이 있을 때마다 혁명적인 변화가 뒤따랐다. 산업혁명의 전개 단계는 경제·사회 구조의 변혁을 촉진한 핵심 발명품의 등장 시기를 기준으로 나뉘는데, 1차 산업혁명은 증기기관을 기반으로 한 기계화 혁명, 2차 산업혁명은 전기를 기반으로 한 대량생산 혁명, 3차 산업혁명은 컴퓨터를 기반으로 한 지식정보 혁명이다. 한편 4차 산업혁명은 인공지능, 빅데이터 등 디지털 기술로 촉발되는 초연결 기반의 지능화 혁명으로 정의할 수 있다.

그런데 만약 인공지능이 발전을 거듭하여 인류 전체의 지능을 뛰어넘는 초지능이 만들어진다면 제어할 수 없는 AI가 인류의 미래에 재앙을 가져오지 않을까? 또는 인공지능에 어떻게 가르쳐야 편향되지 않은 공정성을 담보할 수 있을까 하는 문제가 대두된다.

르네상스 시대 문예 부흥기에 '사람이 중심이다'라는 인본주의 사상이 있었던 것처럼 다소 진부하게 들릴지 모르지만 21세기에는 더욱 더 인간성의 근원을 탐구하는 인문학이 우리의 삶의 질에 중요한 자리를 차지할 것이다.

이 책의 제목을 《과학에서 인문학을 만나다》라고 한 것도 과학 지식뿐 아니라 과학자들의 생애와 사상, 내면까지 들여다봄으로써 다시금 인간성에 집중할 때라고 생각하기 때문이다.

이 책에서는 과학사에 화려하게 기록되거나, 반대로 과학적 성취를 이루었음에도 역사 속에 파묻힌 무명의 과학자들의 생애까지 살피고자 했다. 그리고 과학 지식을 큐레이션하여 인문학과 통섭을 하려는 것이다. 이 책에 등장하는 과학자들의 고뇌와 열정, 윤리의식, 그리고 인간적인 면모를 보면서 "어떻게 살아야 하는가"라는 인문학적 질문을 스스로 찾는다면 저자로서 더할 나위 없는 보람일 것이다.

이 책이 나오기까지 아들 내외와 여섯 살 손녀의 사랑스러운 웃음이 든든한 버팀목이 되어주었고 무엇보다 사과나무 출판사 권 대표의 끊임없는 격려와 응원에 감사드린다.

공저자

김유항·황진명

차례

CHAPTER 2 과학계의 유명 가족 과학자들

CHAPTER 3 과학자의 윤리

CHAPTER 4 천재 과학자의 독특한 생애

CHAPTER 1

과학계의 라이벌

'영국의 다빈치' 로버트 훅 대 뉴턴의 전쟁

과학사의 대부분은 위대한 과학자들과 그들의 혁명적인 발견들이 시대별로 질서정연한 개선 행진처럼 묘사되어 있다. 그러나 진실은 이와는 전혀 달랐다. 그 이면을 들여다보면 야망과 자존심에서 누구에게도 지지 않는 위대한 인물들 간에 벌어졌던 가장 악의적이고 복수심에 찬 전쟁 사례들을 어렵지 않게 발견할 수 있다.

가령 세기의 라이벌이라고 할 만한 테슬라와 에디슨 간에 벌어졌던 전류전쟁에서는 대중에게 테슬라의 교류(AC)가 위험하다는 인식을 심어주기 위해 에디슨은 공개적으로 개, 말, 심지어는 코끼리까지 교류로 감전사시키는 끔찍한 일을 서슴지 않았다. 코흐와 파스퇴르는 미생물학의 전쟁터에서 당대 양맥의 학계뿐 아니라 국가적 자존심까지 걸고 한치의 양보도 없는 격렬한 싸움을 벌였다.

과학계도 사람 사는 곳이니만큼 정치적이고 감정적이어서 기득권 세력에 도전하는 것은 달걀로 바위를 치는 격이다. 그런데 놀랍게도 세기의 천재라는 뉴턴도 중요한 발견의 우선권을 놓고 여러 경쟁 과학자들과 다투면서 음모와 배신, 악의적인 복수도 마다하지 않았다. 가령 뉴턴은 독일의 박식가·수학자·철학자인 라이프니츠와 함께 미분 발견의 우선권을 놓고 격렬한 논쟁을 벌였으며 두 사람의 '미적분 전쟁(Calculus War)'은 영국과 유럽의 수학계까지 가세하며 확산되었다. 그 결과는 영국의 왕립학회 회장이었던 뉴턴의 승리로 돌아갔다.

그러나 이보다 먼저 감히 뉴턴의 심기를 건드린 불경죄를 저지른 사람이 있었는데 그는 바로 '영국의 레오나르도 다빈치'라고 하는 로버트 훅(Robert Hooke)이다. 훅은 뉴턴의 분노의 제물이 되어 과학사에서 거의 300년 간 잊혀져야만 했다. 옥스퍼드 대학의 클라크(David H. Clark) 박사는 2001년 출판한 《뉴턴의 독재(Newton's Tyranny)》에서 어떻게 뉴턴이 악의적이고 부끄러운 방법을 총동원해 그리니치 천문대 대장인 플램스티드(John Flamsteed)로부터 훅의 천문학적 자료들을 빼냈는가를 폭로하고 있다.

인류 역사상 가장 위대한 천재라는 뉴턴이나 아인슈타인도 결점 많은 인간이라는 사실이 밝혀지는 것을 보면 어쩌면 우리는 소위 반영웅(anti-hero) 시대에 살고 있는 것이 분명하다.

로버트 훅

앞에서 언급한 세 사람 중, 가장 먼저 뉴턴의 제물이 된 로버트 훅(Robert Hooke, 1635~1703)은 용수철을 이용한 실험을 통해 우리에게 '탄성의 법칙'을 발견한 사람 정도로만 알려져 있지만, 실상은 17세기 과학혁명 시대에 '영국의 다빈치'라고 불릴 만큼 혁신적이고 창의적인 과학자였다. 그는 고생물학, 광학, 천문학, 화학, 시계학, 현미경학, 생리학 등 많은 과학 분야에서 17세기의 가장 위대한 실험과학자일 뿐만 아니라 저술, 그림, 발명, 건축 등 다방면에 다재다능해서 유럽에서 레오나르도 다빈치와 재능 면에서 대등하다고 여겨졌다.

그러던 훅이 1703년 사망 후 갑자기 과학 역사의 무대에서 사라진다. 그러다가 사후 300년이 되는 2003년부터 그에 대한 전기와 책들이 여러 권 출판되면서 비로소 본격적으로 재평가 받고 있다.

로버트 훅의 생애

영국의 와이트(Wight) 섬에서 4남매 중의 막내로 태어난 로버트 훅은 어릴 때부터 병약해 교회 목사인 아버지에게서 홈스쿨링으로 교육을 받았다. 천연두를 앓아 얼굴에 흉터 자국이 있고, 척추 측만증으로 등은 심하게 굽었으며 몸은 삐쩍 말라 평생 동안 건강 때문에 고생했다.

어린 시절 그림에 재능이 있었을 뿐만 아니라 기계식 장남감이나 모형을 만드는 데도 매우 능숙하여 아버지는 그가 장차 예술가나 시계 제조공이 될 운명을 가졌다고 믿었다. 1648년 훅이 13세 되던 해 아버지가 100파운드를 유산으로 남기고 자살하자 어린 그는 큰 충격을 받았다.

그 후 훅은 유명 화가 피터 렐리(Peter Lely)의 견습생으로 런던으로 갔지만 화가들이 쓰는 물감 때문에 고통을 겪어 그만두고 런던의 유명한 웨스트민스터(Westminster) 학교에 입학했다. 학교에서는 그리스어, 라틴어, 수학과 역학을 공부했는데, 6권의 유클리드의 기하학을 일주일 만에 끝낼 정도로 총명하여 선생님들을 놀라게 했다. 또한 음악에도 재능을 보여 오르간 연주를 배우고 성가대원으로 활동하며 여가시간에 비행기까지 디자인할 정도였다. 훅의 재능을 알아본 웨스트민스터 교장 버스비(Busby)는 그에게 아버지 같은 존재였고 훅은 평생 헌신적인 아들 역할을 한다.

옥스퍼드와 왕립학회

훅이 18살 되던 1653년, 그는 당시 영국의 최고 과학자들이 모여 있던 옥스퍼드의 크라이스트처치 칼리지(Christ Church College)에 성가대원 장학금을 받고 입학했다. 하지만 넉넉지 못한 형편 때문에 윌리스(Dr. Thomas Willis)의 화학 조교로 일했는데, 윌리스는 해부학, 신경학, 심리학 분야에서 중요한 역할을 한 의사로 영국 왕립학회의 창립 멤버였다.

훅은 실험을 설계하고 장비를 만드는 뛰어난 능력으로 깊은 인상을 주어 1655년 화학자이자 물리학자인 보일(Robert Boyle)의 실험 조교로 1662년까지 일했다. 이 기간에 훅은 공기펌프(air pump)를 설계하고 제작하여 감압 효과에 대한 많은 실험을 수행했다. 과학사가인 군터(R.T. Gunther)는 일정 온도에서 압력과 부피는 서로 반비례한다는 보일의 법칙(PV=constant)이 실상은 수학에 능숙하고 실험에도 천재적인 훅이 유도한 것이 아닌가 하는 의문을 던진다.

옥스퍼드 시절이 훅에게는 과학에 대한 평생의 열정을 갖도록 한 토대가 되었으며 또한 천문학에서부터 화학까지 여러 분야들을 공부하면서 사귄 친구들이 그의 전 생애를 통해 중요한 역할을 한다. 과학에 관심이 있는 옥스퍼드 대학의 클럽들 중 하나가 윌리스(Thomas Willis)와 크라이스트처치 칼리지를 중심으로 커졌으며 이 그룹의 멤버 중에는 로버트 훅 외에도 로버트 보일, 크리스토퍼 렌

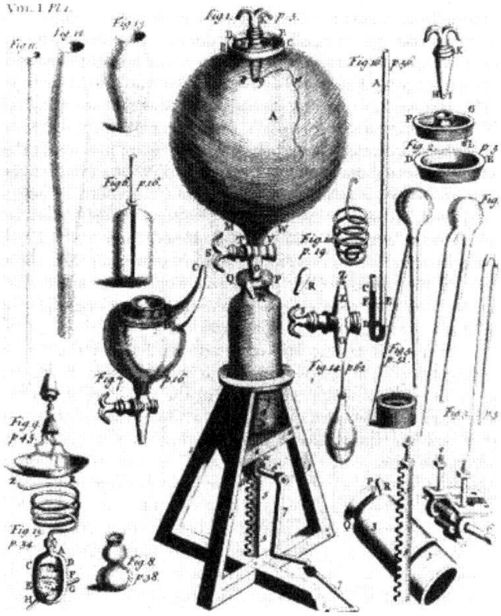

훅이 설계한 에어 펌프

(Christopher Wren)과 존 윌킨스(John Wilkins) 등이 있었다.

옥스퍼드 클럽은 1660년 여러 명의 멤버들이 모여 왕립학회를 세우기로 뜻을 모으고 1662년 왕의 칙허장을 얻어 세계 최초로 과학의 발전을 위한 왕립학회를 창설했다. 한편 이 학회는 1665년 최초의 과학학술지인 〈왕립학회회보(Philosophical Transactions of the Royal Society)〉를 발간하기 시작하면서 유럽에서 가장 영향력 있는 학회가 된다.

훅은 27세의 나이에 새로 설립된 왕립학회에서 세계 최초로 전문

과학자인 실험 큐레이터로 임명되었다. 큐레이터의 역할은 왕립학회에서 시행하는 모든 실험에 대한 책임을 지며, 회원들의 제안이나 또는 자신의 방법으로 일주일에 4개까지 중요한 실험의 시범을 보이는 것이다. 실험은 화학에서부터 생물, 천문학, 지질학, 해부학, 고생물학 등 주제는 매우 다양했는데, 그는 사망하기 전까지 41년 동안 훌륭하게 큐레이터직을 수행했다.

1663년, 훅은 왕립학회의 펠로우로 선출되고 1665년에는 그레셤 칼리지(Gresham College)의 기하학 교수로 임명되었다. 1666년 런던 대화재 이후에는 도시 재건을 위한 런던 건축 측량 총 감독관으로 일하며 바쁜 삶을 살았다. 1677년 왕립학회 사무국장인 올덴버그(Henry Oldenburg)가 사망하자 그 뒤를 이어 1683년까지 사무국장직을 겸직한다.

훅은 평생을 독신으로 살았는데 그와 오랜 기간 한 집에서 기거하며 연인처럼 돌보아주던 조카딸이 1686년 사망하자, 그는 큰 슬픔에 빠진다. 설상가상으로 뉴턴과의 논쟁으로 왕립학회에서 따돌림을 받게 된 후 훅의 생애는 황폐해진다.

무한한 호기심과 다재다능해 '르네상스 맨'으로 불리던 그였지만 말년에는 더 이상 창조적인 일을 못 하고 힘든 투병생활을 하면서 외롭게 보냈다. 생애 마지막 해에는 당뇨로 추정되는 병으로 시력을 잃고 다리도 부어 누워 지내다가 1703년 그레셤 칼리지 내의 자신의 사택에서 세상을 떠났다.

과학적 발견과 발명

로버트 훅은 1657년 앵커식 탈진기(anchor escapement)를 발명하여 진자시계(pendulum clock)의 성능을 크게 개선시켰으며 1660년 용수철을 이용한 실험을 통해 탄성 한계 내에서 변형률은 응력에 비례한다는 '훅의 법칙(Hooke's Law)'을 발견한다.

그는 이 법칙을 응용하여 1660년경에는 회중시계의 정확한 시간

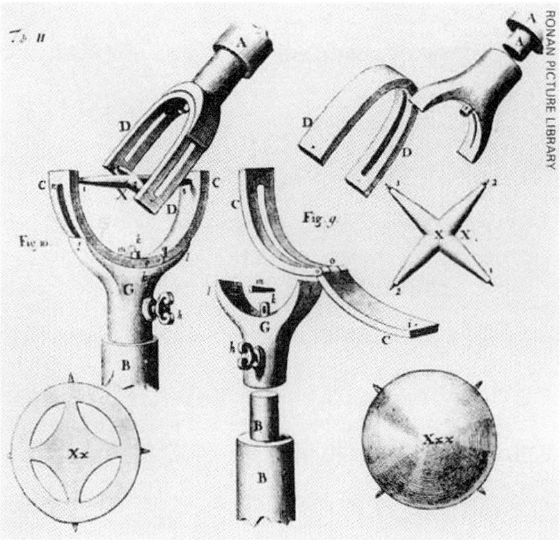

훅의 다양한 발명품들

을 재는 데 필수적인 밸런스 스프링을 발명했다. 스프링의 탄성을 이용하여 진자(pendulum)처럼 규칙적인 운동을 가능하게 만든 밸런스 스프링은 항해 중인 배가 위치를 계산할 때 사용하는 정밀한 시계인 크로노미터(chronometer)에도 이용된다.

1660년에는 증기기관과 내연기관의 선조쯤 되는 효율적인 에어 펌프(Air Pump), 현미경, 자동차의 중요 부속품인 만능 연결기(universal joint)도 발명했으며 그밖에 망원경, 조리개(iris diaphragm), 인공호흡기의 시제품, 기상 관측기구인 기압계, 풍속계, 습도계 등을 발명하거나 성능을 개선하여 과학의 거의 모든 분야에서 중요한 공헌을 했다.

《마이크로그라피아》와 복합 현미경

2015년은 훅이 《마이크로그라피아(Micrograpia, 미세도면)》를 출판한 지 350년이 되는 해이다. 훅은 1665년 30세에 최초의 과학책 베스트셀러이자 최고의 과학책들 중 하나인 《마이크로그라피아》를 출판했다. 이 책은 훅의 특별한 재능들—자연과 빛에 대한 이해, 과학기기를 설계·제작하는 고도의 독창성과 기술 그리고 예술가로서의 기량—의 쇼케이스라고 할 수 있다.

그는 자신이 고안한 조명장치를 갖춘 당시 최고의 복합 현미경 도

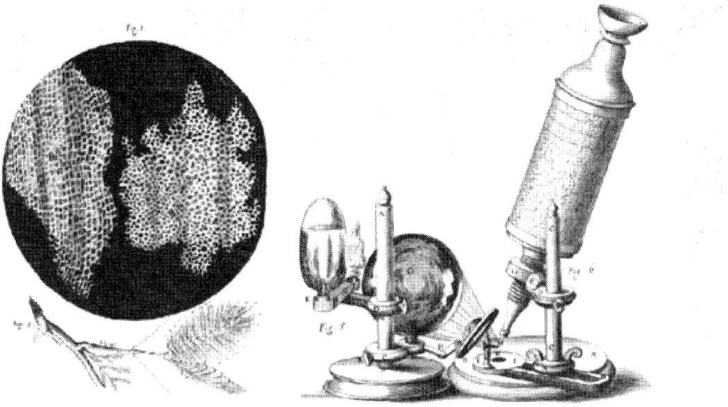

훅이 직접 삽화를 그려넣은 코르크(Cork)의 세포 그림

안과 이를 통해서 본 이, 벼룩, 파리 등의 곤충과 식물, 그리고 코르크(cork)의 세포를 직접 그려 책에 삽화로 넣었다. 카메라가 없던 시대였지만 훅의 그림들은 마치 사진처럼 정교했다. 훅은 코르크의 얇은 조각이 벌집과 같은 작은 방으로 되어 있는 것을 발견하고 이를 마치 수도원의 각각의 방과 같다 하여 '셀(cell)'이라 명명하고, 최초로 세포를 관찰하여 생물학의 새로운 지평을 열었다.

현대의 나노 세계를 탐구하는 근원을 거슬러 올라가면 결국 《마이크로그라피아》로 귀착되지 않을까? 그는 사람들이 존재한다고 미처 상상도 하지 못했던 새로운 세계를 드러냄으로써 많은 과학자들에게 영감을 주었다.

그는 화석화된 나무에서 고대의 세포를 현미경으로 관찰하여 화석은 한때 살아 있던 생물로 그들의 세포가 광물화하여 어떤 종(種)

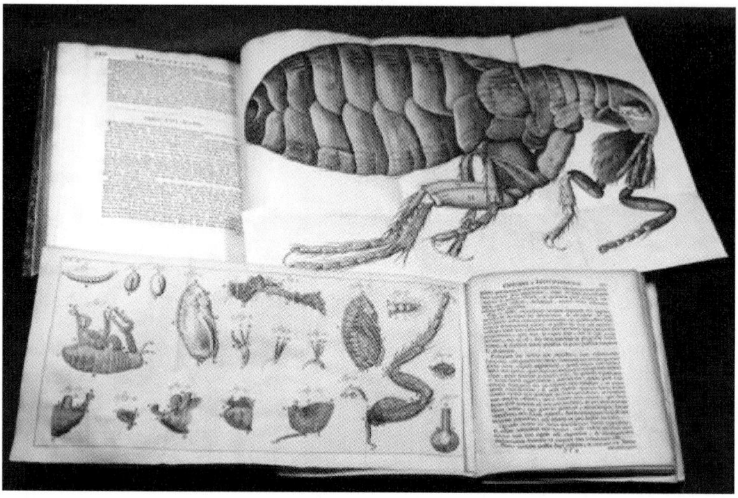

훅이 복합 현미경으로 관찰해 그린《마이크로그라피아》삽화

은 한때 존재했으나 멸종되었다고 결론을 내린다. 비록 지금은 거의 모든 사람이 아는 지식이지만, 훅이 제안할 당시에는 상당한 논란을 일으켰다. 종(種)의 멸종이라는 주장은 신에 의해서 완벽한 자연세계가 창조되었다는 신학적 관념에 위배되기 때문이다.

또한 훅은《마이크로그라피아》에서 박막의 색에 관한 연구를 발표하면서 파동설을 주장했다. 즉 빛을 진동이라 생각하고, 박막의 경계면에서 진동의 혼란이 일어나기 때문에 빛이 발생한다는 것으로 파면(波面 : 같은 시각에 같은 파동이 일어나는 면)이란 개념을 포함해 빛의 간섭·분산을 설명하여, 파동설(波動說)의 선구자가 된다.

건축가로서의 훅

훅은 과학자로서 일하면서 부업으로 건축가로도 경력을 쌓았다. 1666년 런던에 대화재가 나서 건물의 80%가 소실되는 사건이 일어났다. 그의 친구 크리스토퍼 렌(Christopher Wren)은 왕실 측량 감독관으로, 훅은 런던 시의 총 측량 감독관이자 렌의 수석 보좌관으로 도시 재건 계획에 참여했다.

이때 사람들이 훅의 설계를 좋아하여 런던 대화재 이후 파괴된 건물을 많이 디자인해서 그는 사실상 과학자로서보다는 건축가로서 훨씬 더 많은 돈을 벌었다. 그의 중요한 건축물로는 런던 대화재 기

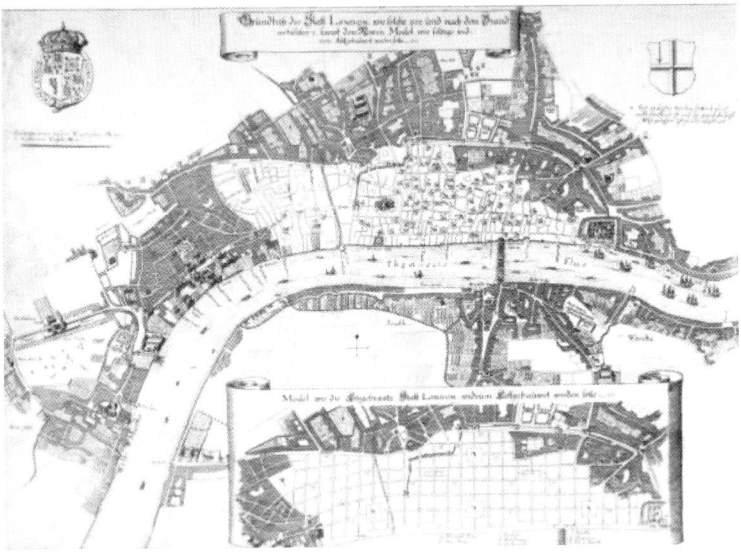

훅이 제안한 런던의 격자형 모델

념비를 비롯해 베들렘로열 병원(Bethlem Royal Hospital), 로열그리니치 천문대, 버스비(Dr. Busby) 웨스트민스터 교장을 위해 지은 버킹엄셔의 윌렌 교회(Wilen Church) 등이 있다. 그러나 훅의 업적은 유명 건축가이자 친구인 크리스토퍼 렌의 명성과 위상 때문에 가려졌다.

런던 대화재 이후 도시를 재건할 때, 그는 런던 거리를 넓은 도로의 격자 모양으로 새로 디자인할 것을 제안했다. 그러나 토지 소유자들이 몰래 경계선을 옮겨 재산권 분쟁이 일어나면서 도시를 신속하고 값싸게 재건해야 하는 형편에서 이 이상적인 제안은 좌절되고 말았다. 그러나 훅의 제안은 추후 파리, 리버풀 그리고 많은 미국 도시들을 혁신할 때 사용된다. 앞의 그림 아랫부분이 훅의 런던 도시의 격자형 모델이다.

훅과 뉴턴의 전쟁

"역사는 승자에 의해서 기록된다"는 조금은 진부한 표현을 쓴다면 아마도 과학사에서 뉴턴보다도 더 위대한 승자는 없으리라. 중력과 미적분학의 기념비적인 뉴턴의 업적은 당시에도 뉴턴을 전설로 만들었고, 그 후 400년이 지난 오늘날까지도 그는 과학계에서 거의 신적인 위치를 차지하고 있다.

훅과 뉴턴은 라이벌이면서도 닮은 점이 많았다

로버트 훅은 17세기 당시 과학혁명을 이끌었던 갈릴레오, 뉴턴, 라이프니츠와 같은 위대한 과학자였지만 감히 뉴턴을 상대로 한 두 사람 사이의 독설에 찬 전쟁은 훅이 죽고 난 후 과학사에서 그가 사라지는 것으로 끝이 난다. '강한 자가 살아남는 것이 아니라 살아남는 자가 강한 자이다'라는 말처럼 훅의 잘못 중 하나는 뉴턴보다 20여 년을 일찍 죽은 데 있는 것이 아닐까?

뉴턴보다 7살 연상인 훅은 그와 서로 닮은 점이 많았다. 둘 다 넉넉지 못한 가정에서 태어나 일찍 아버지를 여의었고, 뉴턴은 세 살 때 어머니가 재혼했고, 훅은 열세 살 때 아버지가 자살하여 두 사람 다 정서적으로 불안하고 의심이 많았으며 참지 못하는 공격적 성격을 가졌다. 또한 뉴턴은 케임브리지를 다닐 때 어머니가 학비를 대주지 않아 부잣집 학생들의 시중을 들면서 학교를 다녔고 훅은 옥스퍼드 대학 재학 시절 실험조교로 일했다.

뉴턴과 훅은 누가 먼저 무엇을 생각해냈으며 그에 대해 누가 인정을 받았는지를 놓고 오랜 기간 진흙탕 싸움을 할 정도로 야망과 자존심에 있어서는 두 사람 다 막상막하였다.

그러나 가장 대조적인 면은 뉴턴은 주로 심도 있게 문제를 파고 들어가는 수학적·이론적 분석의 선구자인 반면 훅은 꽃밭에 나비가 날아다니듯 다양한 분야에 끝없는 호기심을 가진 매우 창의적인 실험가였다. 그것은 훅의 끝없는 지적 호기심뿐만 아니라 왕립학회의 실험 큐레이터로서 다양한 분야를 다루면서—게다가 런던 시 측량 총감독관 일까지—너무 바빠 한 분야에 깊숙이 들어갈 수 없었던 측면도 있다. 따라서 혁신적인 그의 아이디어들은 씨는 뿌려 놓은 채 결실을 거두지 못하고 또 다른 아이디어로 옮겨가 다른 사람들이 그가 중단했던 아이디어를 포착하여 끝내면서 대부분은 훅의 기여를 전혀 인정하지 않았다.

뉴턴과 훅의 첫 번째 충돌은 왕립학회에서 1672년 뉴턴이 첫 번째 논문을 발표하면서 시작되었다. 뉴턴은 백색광은 다른 여러 색들의 빛의 혼합이며 프리즘을 이용해서 분리할 수 있다고 발표했다. 빛은 입자로 구성되었다는 뉴턴의 생각과는 달리 훅은 빛의 파동설을 주장하면서 그의 방법론과 결론을 공박했다. 어떤 비판도 전혀 견

디지 못하는 뉴턴한테 감히 싸움을 걸어온 훅에게 분노한 그는 왕립학회를 탈퇴하겠다고까지 위협했다. 학회의 사무국장인 올덴버그(Henry Oldenburg)가 학회 다른 회원들이 뉴턴을 높이 평가하고 있다고 사과하며 왕립학회 회비까지 면제해 주겠다고 하자 겨우 자존심을 회복한 뉴턴은 탈퇴를 철회했다. 그러나 그는 로버트 훅이 죽고 난 뒤에야 자신의 광학 연구 결과물인 《광학(Opticks, 1704)》을 출판한다.

1684년 뉴턴과 훅 사이에 더 중요한 중력에 관한 격렬한 전쟁이 공개적으로 일어났다. 훅은 1670년대에 이미 태양과 행성들은 서로 끌어당기며 이 인력은 서로 가까이 갈수록 커진다고 믿었다. 그는 1678년 행성들 간의 거리와 행성 간의 중력 인력 관계는 거리의 제곱에 반비례한다는 역제곱의 법칙을 주장했다. 그보다 뒤늦은 1680년 뉴턴이 중력이론에 대한 모든 것을 정확하게 이해하려고 고심하고 있을 때 훅은 그에게 역제곱 법칙에 관한 공식이 행성들 간의 인력을 설명할 수 있을 것이라는 편지를 썼다.

1686년 뉴턴의 《프린키피아(Principia)》 첫 번째 책이 왕립학회에서 발표되었을 때, 훅은 역제곱 법칙에 대한 자신의 기여를 전혀 언급하지 않은 뉴턴에 대해 화가 나서 표절을 주장하며 자신의 제안이 없었으면 뉴턴은 역제곱 법칙을 생각해내지 못했을 것이라고 주장했다. 그렇지 않아도 훅에 대해 오랫동안 악감정을 가져오던 뉴턴은 격노하여 앙심을 품게 되며 이것이 훅의 운명을 결정짓게 된다.

잊혀진 천재 로버트 훅,
역사의 휴지통에서 다시 꺼내어지다

1703년 훅이 사망한 지 몇 달 후 그동안 학회 활동을 자제하던 뉴턴은 왕립학회 회장이 되었다. 왕립학회는 훅이 죽기 전까지 그레셤 칼리지에 있었는데, 뉴턴은 새로운 장소인 크레인 코트(Crane Court)로 왕립학회를 옮긴다는 계획을 발표한다.

몇 년 후 왕립학회가 이전하면서, 그레셤 칼리지에 있던 로버트 훅의 모든 소장품들—훅의 유일한 초상화를 비롯해 많은 책들과 논문, 실험 도구들 그리고 훅이 고안한 장치들까지—이 몽땅 사라진다. 이사하는 과정을 뉴턴이 감독하고 진행했기 때문에 이 일을 뉴턴의 악의적인 보복이라고까지 말하는 과학사가들도 있다. 여하튼 훅의 유일한 초상화가 없어졌기 때문에 그의 초상화는 동시대의 과학자들이 편지나 기록물에 남긴 훅의 인상착의를 근거로 근래에 재구성된 것이다.

훅은 몇 백년 간 뉴턴의 추종자를 비롯한 많은 사람들의 증언에 의해 성격이 악의적이고 시기심이 많은 사악한 인물로 그려지고 더구나 얼굴은 얽고 몸은 마르고 곱사등이인 못생긴 외모까지 조롱감이 되었다. 그래서 눈부셨던 그의 과학적 업적은 잊혀지고 말았다. 일부 과학사가들은 뉴턴이 훅에게 보낸 편지에서 썼던 유명한 말 "내가 멀리 볼 수 있었다면 그것은 거인들의 어깨 위에 올라서 있었기 때문입니다"라는 표현도 실상은 훅이 꼽추에다 키가 작다는 사실을 매우 예의바른 칭찬을 가장하여 교묘하게 모욕한 것이라고 말한다.

역사에서 영원히 묻힐 뻔했던 훅은 그가 남긴 너무나 솔직하고 생생한 일기장(1672~1680, 1688~1690, 1692~1693)이 런던 시에 의해 발견되고 1935년 로빈슨과 애덤스(Henry W. Robinson and Walter Adams)가 《로버트 훅의 일기(The Diary of Robert Hooke)》를 출판하면서 그의 업적이 재평가 받기 시작했다. 그의 일기는 2014년 영국의 유네스코 세계기록 유산물로 지정되었다.

프랜시스 베이컨의 유명한 말 "진실은 아무리 눌러 놓아도 결국 세월이 지나면 드러나게 마련이다(Truth is the daughter of Time, not of Authority)"라는 말은 언제나 우리에게 진리 탐구에 대한 희망을 갖게 한다.

02

소크(Salk) 대 세이빈(Sabin)의 소아마비 백신 전쟁

소아마비의 역사

소아마비(Polio)는 20세기 초 자식을 둔 부모들에게 세상에서 가장 무서운 질병으로, 병이 낫고도 얼굴에 심한 자국을 남겨 호환마마라고 불린 천연두보다도 더 두려움의 대상이 되었다. 소아마비는 유행성 전염병으로 몇 년마다 한 번씩 '폴리오 계절'이라고 하는 무더운 여름 동안 도시를 휩쓸고 지나갔으며 겨울에 사라졌다가 다음 해 여름에 되돌아오곤 했다.

환자들 중 대부분은 소아마비에서 회복되었지만, 일부는 죽거나 또는 살아남는다 해도 영구히 팔 다리가 마비되어 평생 장애로 고통받아야 했는데, 엄청난 수의 희생자들은 주로 어린이들이었다.

소아마비로 장애가 남은 어린이들

미국 대통령을 4선이나 하고 뉴딜 정책으로 유명한 루스벨트 대통령도 1921년 39세에 소아마비에 걸려 두 다리에 장애를 입었다. 오죽하면 2009년 방영된 PBS 다큐멘터리에서 "1952년 소아마비 전염병이 미국에서 유행할 때 원자폭탄을 제외하고 미국의 가장 큰 공포는 소아마비"라고 했겠는가?

WHO는 1994년 서유럽에서, 2000년엔 우리나라를 포함한 서태평양 지역에서 소아마비의 완전 퇴치를 선언했다. 그런데 이렇게 세계를 공포에 몰아넣었던 소아마비가 사라진 데에는 두 뛰어난 과학자들의 효율적인 백신 개발이 있기에 가능했다.

20세기 중반 사람들은 생소하고 더구나 어떻게 예방해야 하는지도 모르는 회백척수염(polio, 소아마비)의 공포 속에서 살았다. 그러

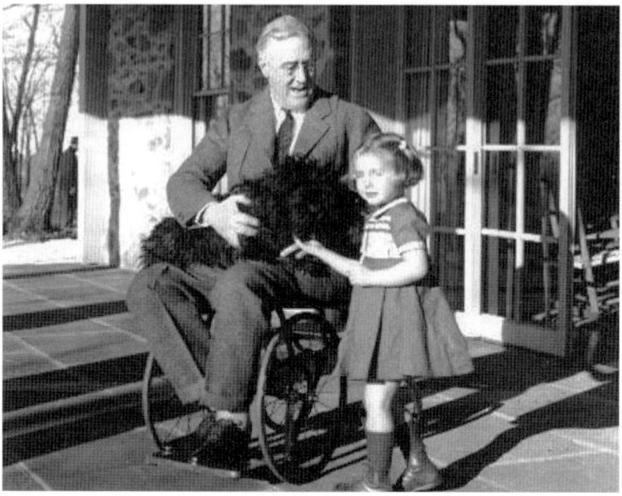

루스벨트 대통령

나 1950년대 폴리오바이러스(Poliovirus) 백신의 출현으로 소아마비에 대한 두려움은 돌연히 막을 내리게 된다. 특히 20세기 말 소아마비의 퇴치를 가져올 수 있도록 인류에 혁혁한 공헌을 한 중요한 두 인물 조너스 소크(Jonas Salk)와 앨버트 세이빈(Albert Sabin)은 누가 먼저 소아마비 백신을 발견하는가 하는 경쟁에서 치열하고도 지극히 인간적인 싸움을 치렀던 숙적이었다.

하지만 두 사람은 위대한 업적에도 불구하고 아무도 노벨상의 영광을 차지하지 못했다. 뿐만 아니라 소아마비를 퇴치하는 데 필요한 집단 예방접종에서 소크의 주사형 사(死)백신(IPV)과 세이빈의 경구형 생(生)백신(OPV) 중 누구의 방법이 가장 적합한지에 대한 논쟁은 그들이 죽은 후에도 여전히 끝나지 않고 있다. 여기에선 역사적인 폴리오 백신 개발 경주에서 의학자들이 어떻게 시간을 다투며 경쟁을 벌였는지 폴리오 백신의 역사를 살펴볼까 한다.

소아마비는 중산층 질병

1908년 오스트리아의 병리학자 카를 란트슈타이너(Karl Landsteiner)와 의사 에르빈 포퍼(Erwin Popper)는 폴리오로 죽은 소년의 척수 추출물을 각각 토끼, 기니피그와 쥐에게 주사했지만 병을 일으키지도 않고 신경조직에서 조직학적 변화도 일어나지 않았다.

그러나 이를 두 마리의 원숭이에 주사했을 때는 전형적인 소아마비 증세를 나타냈으며 한 마리는 죽었다. 이 기본적인 실험은 별다른 주목을 받지 못했으나 소아마비 예방의 주춧돌이 되어 궁극적으로 50년 후 효율적인 두 가지 백신의 개발로 이어지는 데 중요한 역할을 했다.

1910~1912년 동안 전세계 곳곳에서 심각한 소아마비 전염병이 발생한 이후, 1916년에는 그 심각성이 절정에 이르렀다. 더구나 소아마비 희생자는 가난한 사람들뿐만이 아니라는 것이 점점 더 명백해졌는데, 이러한 사실은 전염병은 더럽고 불결한 곳에서 일어난다는 당시의 관념과 정면으로 배치되었다. 근대 선진 사회에 접어들수록 영아 사망률이 낮아졌지만, 이상하게도 사망률이 낮을수록 소아마

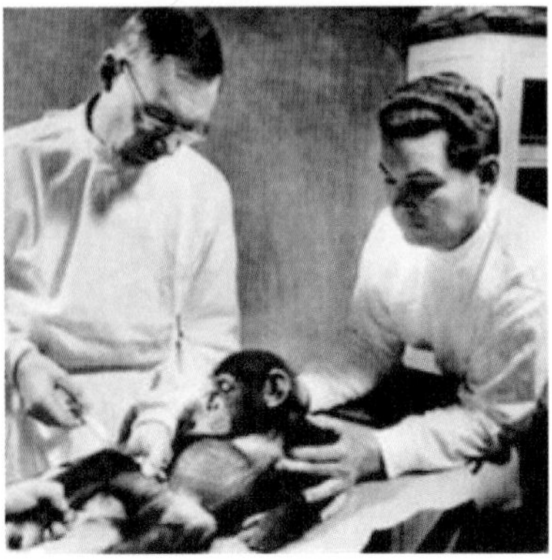
폴리오 바이러스 원숭이 실험

비의 발생은 더 많았다.

1910년대 공중보건 당국은 소아마비를 다른 전염병들처럼 취급하여 위생 불량, 열악한 위생시설, 공해, 파리와 빈곤이 원인이라고 생각하여 파리 잡기 캠페인, 빈민가 대청소 및 어린이들이 모이는 공공장소 폐쇄 등의 조치를 취했다. 심지어는 소아마비가 발생한 지역을 출입할 때 부모들은 자신의 아이들이 소아마비에 걸리지 않았다는 특별 증명서 같은 것을 보여야 했다.

그럼에도 불구하고 1920년대에 이르면 교외의 깨끗한 환경에서 자란 중산층 어린이들이 더러운 빈민촌에 사는 이민자 가정의 아이들보다 소아마비에 더 취약하다는 것이 명백해졌는데, 이는 지나치게 깨끗한 것이 때로는 전염병에 걸리게 한다는 공중보건에 대한 매우 역설적인 결론을 낳았다.

폴리오 연구의 문제점

오랜 동안의 연구 결과 소아마비 질병을 유도할 수 있는 유일한 동물이 비싼 원숭이들이라는 것이 알려지면서 연구를 수행할 수 있는 기관은 극히 제한적이었다. 그 중 가장 중요한 연구소는 뉴욕에 있는 록펠러 의학연구소인데 그곳에서 플렉스너(Simon Flexner)는 1910년부터 1930년까지 소아마비에 관한 가장 권위자였다. 그는 폴리오 바이러스가 코를 통해 들어가 곧장 중추신경계로 간다고 믿었으며 이 코-신경계 모델은 1930년대 후반까지 소아마비 연구에 접근하는 지배적인 방법론이었다.

1920년대와 1930년대는 특히 의료계, 정부, 공공기관의 폴리오 대처법이 좀 더 과학적 방법으로 바뀌어 병에서 회복한 사람의 면역혈청을 써서 소아마비를 예방하거나 또는 최소화하는 데 역점을 두었다. 예를 들면 캐나다 주정부는 소아마비로 진단받은 모든 사람에게 면역혈청을 무료로 제공했다. 그러나 혈청이 효과를 보기 위해선 마비가 일어나기 전에 확실하게 소아마비 진단을 내려야 하는데 결국 이 과정에서 문제가 많아 포기를 한다.

1950년도 초가 되자 폴리오에 대항하여 소극적 방법이긴 하지만 감마 글로불린이라고 알려진 고농축 된 면역혈청이 도입되었다. 적은 양의 바이러스가 혈류 속에 들어간 경우에는 적은 양의 폴리오바이러스 항체에 의해서 정복될 수 있다는 것이 발견되었고, 따라서 감마 글로불린에 들어 있는 항체는 한시적으로 폴리오바이러스 감염을 무력화하는 데 사용될 수 있었다.

폴리오 수수께끼를 풀다

제2차 세계대전 동안과 전후 초기에 폴리오 전염병이 열대지방에서 그리고 전혀 예상치 못한 장소, 즉 북극지방에서 발생하면서 폴리오 수수께끼는 더욱 미궁에 빠졌다. 그와 동시에 폴리오바이러스가 환자의 위장은 물론 하수도 물에서도 발견되자 연구자들은 폴리오 연구 방향을 바꾸어 실험실에서의 코-신경계 연구가 아닌 생활현장으로 관심을 돌리게 된다.

즉, 폴리오는 대변-구강 경로를 통해 주로 오염된 음식이나 물로 전염된다는 것이 밝혀졌다. 인류 역사상 영아들은 일상적으로 비위생적인 환경에서 폴리오바이러스에 노출되어 있었지만 모유에 항체가 들어 있어 생후 6개월까지는 좀처럼 소아마비에 걸리지 않았다.

그런데 1900년대에 들어 많은 나라들이 상하수도를 정비하면서 부유한 동네의 주택에선 일상적으로 정수된 물을 사용해 미생물에 대한 노출이 감소되었다. 비위생적인 환경에서 자란 빈민가의 유아들은 대부분 3세 이전에 소아마비를 가볍게 앓고 지나가면서 항체를 만들어 평생 면역을 갖게 된다. 반면 위생적인 환경에서 자란 중산층 유아들은 좀 더 커서 특히 처음 학교에 들어갈 즈음에 면역 시스템에 항체가 없어 질병에 무방비 상태가 되며 따라서 폴리오에 더 잘 걸린다고 밝혀진 것이다.

소크(왼쪽)와 세이빈

더구나 동물이나 인간의 혈청이 별 효력이 없다는 것이 점점 명확해지고, 이 방향으로의 연구는 별 진전이 없으리라는 것이 예상되자, 이제 병을 막는 연구는 성공적인 백신 생산에 집중되었다. 그러나 가장 큰 난관은 바이러스가 증식할 수 있는 배지(培地)를 찾는 일이다.

박테리아는 시험관 속의 감자, 혈액, 또는 한천과 같은 단순한 매체에서 잘 자라지만 이와는 달리 바이러스는 성장하려면 살아 있는 조직이 필요하다. 오랜 기간 수천 마리의 원숭이를 사용한 연구 결과 인간이나 원숭이, 일부 설치류로부터 얻은 뇌 조직에서 바이러스를 기를 수 있다는 것을 발견했다. 하지만 이 방법은 배양 과정이 굉장히 느리고 복잡했으며 비용이 많이 들어 대량생산을 위해서는 부적절했다. 폴리오백신을 개발하는 과정에서 10만 마리 이상의 원숭이가 희생되었으며, 죽은 붉은털원숭이 한 마리가 65도스의 백신을 공급했다.

1936년 록펠러 의학연구소의 세이빈(Albert Sabin)과 올리츠키(Peter Olitsky)는 폴리오바이러스가 사람의 배아뇌조직에서 자랄 수 있다는 것을 입증했다. 배아조직의 장점은 바이러스가 신속하게 자란다는 점이다. 하지만 이 방법은 백신을 맞은 사람들의 과민반응으로 중추신경계 손상을 초래하지 않을까 하는 우려를 자아냈다.

그런데 폴리오 역사에서 중요하고도 새로운 시대가 열리게 된다. 1949년 보스턴 어린이 병원과 하버드 의과대학의 엔더스(John Enders), 웰러(T. H. Weller)와 로빈스(F. C. Robbins)는 신경세포가 아닌 다른 조직을 가지고 어떻게 바이러스를 시험관에서 배양하는가 하는 오래된 문제를 해결한다. 즉 사람의 배아 피부와 근육 조직을 항생제와 함께 영양 혼합물 속에서 배양하는 데 성공한 것이다.

이들의 발견으로 연구원들이 대량의 백신을 만드는데 비싼 원숭이들(동물의 권리는 차치하고라도)을 사용하지 않으면서 충분한 바이러스를 생산할 수 있게 되어, 마침내 소아마비 백신 개발의 문이 열렸다. 현대 백신의 아버지라 불리는 엔더스와 그의 동료들은 "다양한 조직을 시험관에서 배양하여 폴리오바이러스의 배양법을 발견한 공로"로 1954년 노벨 생리·의학상을 수상했다. 또한 이 발견으로 두 사람의 바이러스 학자 소크와 세이빈의 소아마비 백신 개발을 가능케 하여 전세계적으로 소아마비 발생률과 사망이 극적으로 감소하게 된다. 소아마비 백신 개발로 이끌어가는 또 다른 중요한 발전은 세 가지 폴리오바이러스 혈청형의 발견이다.

10센트의 행진(March of Dimes)

소아마비의 역사는 뚜렷한 두 시기, 1921년 이전과 이후로 나눌 수 있다. 미국의 32대 대통령 프랭클린 루스벨트는 건강하고 부유한 사람이었지만 1921년 8월, 39세 나이에 소아마비 합병증으로 하반신 마비가 되었다. 그는 1933년부터 1945년까지 유일무이한 4선의 미국 대통령직을 수행하는 동안 휠체어를 타고 다녀야 했으며 따라서 소아마비 퇴치에 누구보다도 깊은 개인적 관심을 가지고 있었다.

루스벨트는 1938년 국립소아마비재단(National Foundation of Infantile Paralysis: NFIP)을 발족시켰는데, NFIP는 가장 성공적인 자원봉사 의료재단이다. 이 재단을 후원하기 위하여 배우이자 가수인 에디 캔터(Eddie Cantor)가 1938년 루스벨트 대통령의 생일인 1월 30일 일주일 전에 '10센트의 행진(March of Dimes)'이라는 국가적 모금 운동을 시작했다. 그는 라디오 쇼에서 "모든 사람들, 어린이들까지도 백악관에 10센트를 보내 소아마비와의 전쟁에서 우리가 대통령 옆에 있다는 것을 보여주자"라고 호소했다. 할리우드 배우, 브로드웨이 스타, 저명 인사들이 동참했으며, 캠페인 셋째 날에는 국민들의 열렬한 호응으로 10센트나 동전, 지폐 등을 넣은 15만 통의 편지나 카드가 백악관으로 쇄도했다.

NFIP는 1938년 한 해에만 180만 달러를 모금했으며 연방 정부의 도움 없이 750만 달러(현재 가치로 6630만 달러에 해당)을 모금하

'10센트의 행진'이라는 국가적 모금 운동

여 수많은 연구원들의 연구비를 지원하고 소아마비 희생자들의 의료, 병원비 및 재활치료를 아무 조건 없이 부담했다. 1950년대에 들어서 전국적으로 국립소아마비재단(NFIP)의 3100개 지부가 대부분 자원봉사자들에 의해서 운영되었다. 또한 NFIP는 폴리오 발생 시 도울 보건관리, 의료 전문가, 교사 그리고 자원봉사자의 국가적 네트워크를 가지고 있었는데, 바로 이들이 임상시험을 할 때 필요한 인력을 담당했던 사람들이다.

믿기 어려울 정도로 굉장한 성공을 거둔 NFIP야말로 어린이들의 생명과 건강을 지키기 위하여 수만 명의 어머니들과 가족들이 참여한 풀뿌리운동이 어떠한 놀라운 결과를 가져올 수 있는지 보여준 아주 좋은 예가 되겠다.

소크(Salk)와 세이빈(Sabin)의 폴리오 백신 전쟁: 사(死)백신 대 생(生)백신

1940년~1950년대에 소아마비는 정점에 달해, 해마다 전세계적으로 50만 명 이상이 죽거나 설령 낫더라도 장애를 갖게 되었다. 부모들과 어린이들은 자신들이 다음번 희생자가 되지 않을까 하는 공포 속에서 지냈다. 그 결과 과학자들은 안전하고 효과적인 생(生)백신과 사(死)백신, 두 가지 유형의 폴리오 백신을 개발하기 위해 촌각을 다투는 치열한 경주에 돌입한다.

이들 중 각각 다른 유형의 백신을 대표하는 두 명의 뛰어난 바이러스 학자들이 있는데, IPV(Inactivated Polio Vaccine: 사백신)의 소크(Jonas Salk)와 OPV(Oral Polio Vaccine: 생백신)의 세이빈(Albert Sabin)이다. 당시 대부분의 바이러스 학자들은 독성을 줄인 생백신이 살아 있는 치명적인 바이러스에 대항하여 충분한 면역 수준을 유발할 수 있다는 믿음을 갖고 있어 사(死)백신보다 생(生)백신을 훨씬 더 선호했다. 사실 활성이 약화된 생백신의 효율성은 제너(Edward Jenner)의 천연두 백신(1798)과 파스퇴르(Louis Pasteur)의 광견병 백신(1885)에 의해서 이미 오래 전에 인정을 받고 있었기 때문이다. 그렇다면 왜 소크는 사백신을 개발하려고 했을까?

의료바이러스학의 위대한 선구자들 중 한 사람인 프랜시스(Thomas Francis Jr.)는 미시간대학에서 1941년 제2차 세계대전 중미 육군으로부터 연구비를 받아 처음으로 독감바이러스를 분리하고 미군에 공급할 독감 사(死)백신 개발에 착수했다. 이런 종류의 사백신은 죽은 바이러스를 이용하여 외부에서 공격하는 병균인 것처럼 면역 체계를 속여 면역 반응을 이끌어내기 때문에 백신이 일으키는 병에 걸리지 않는 장점이 있다.

뉴욕 의과대학을 졸업한 소크는 운이 좋게도 같은 해 대학원 공부를 위해 프랜시스 실험실에 와서 6년 동안 지도교수로부터 독감 사백신 만드는 방법을 배우고 현장 실험을 도왔다. 프랜시스 실험실에서의 경험 즉, 바이러스를 죽이는 데 포름알데히드를 사용하고 사백신의 면역원성(immunogenicity, 免疫原性)을 증진하기 위한 보조제의 사용 그리고 현장 테스트의 진행 과정 등에 관해 배운 것이 소크로 하여금 소아마비 사백신의 가능성에 믿음을 갖게 했다.

당시에는 연방정부의 기금이 소위 의학·생명과학 연구에 흘러들어오기 전이라 NFIP(국립소아마비재단)가 소아과 바이러스학에 관한 연구비를 지원하는 중요 원천이었다. 따라서 NFIP가 두 유형 중 어느 백신을 선택하고 또 누가 백신을 개발하도록 선택하는지가 관건이었다. 재단 이사장이자 루스벨트 대통령의 법률 자문역인 오코너(Daniel Basil O'Connor)는 이러한 위급한 상황 속에서도 비활성화된 생바이러스 백신을 개발하는 소아과 바이러스 학자들의 느긋한 일정표로 인하여 초조해지고 더이상 기다릴 수가 없었다. 그들은 특히 소아마비 바이러스 2형의 약화를 안정화하는 데 어려움을 겪고 있었는데 결국 NFIP는 비교적 젊은 무명의 의사 소크(Jonas Salk)를 선택한다.

오코너는 2차대전 동안 인플루엔자에 대한 사백신의 극적인 성공에 감명을 받아서, 유사한 방법이 소아마비를 척결하는 지름길이라는 확신을 갖게 되었다. 그는 독감백신을 개발한 미시간 대학의 프랜시스의 조언에 따라 소아마비 사백신을 선두에서 개발하도록 1947년 피츠버그 대학에 부임한 젊은 소크에게 NFIP의 기금을 쏟아부었다. 그 후 7년 동안 소크는 하루에 16시간씩 일주일 내내 연구에 몰두했다.

1951년 소크와 그의 동료들은 200여 가지의 모든 소아마비 바이러스 균주는 세 가지 유형 중 하나에 속한다는 것을 발견한다. 소크는 그 다음 백신을 개발하는 일에 착수하는데 첫 번째 도전은 백신의 대량 생산을 위해 충분한 바이러스를 얻는 일이었다. 소크는 앤더스 팀의 새로운 배양 기술을 써서 원숭이 신장 조직을 배양하여 세 종류의 폴리오바이러스 시료를 증식시킨 다음 포름알데히드로 죽여 3종류 바이러스에 모두 듣는 사백신을 완성했다. 그리고 1952년 원숭이에게 실험 백신을 테스트하고 사람에게 주사해도 될 만큼 안전하다고 확신한다.

그러나 소크의 확신에도 불구하고 많은 그의 동료들, 특히 세이빈은 사백신이 효과적이지 않을 거라고 믿으면서 매우 회의적이었다.

특히 생백신의 주요 제안자인 세이빈은 소크보다 8살 연상인 데다 오랫동안 소아마비 백신 연구를 해온 반면 소크는 상대적으로 젊고 새로운 인물이라는 지위가 일을 더 복잡하게 만들었다. 세이빈은 사백신이 생백신보다 만들기가 간단하기 때문에 백신에 대한 필요성이 절박한 NFIP가 자신의 생백신보다 소크의 사백신을 선호한다고 믿었으며 게다가 NFIP로부터 자신이 따돌림까지 당하고 있다고 불쾌감을 드러냈다. 사백신과 생백신 캠프의 경쟁이 치열해지면서 두 진영의 간극도 넓어지고 한때는 점잖은 견해 차이였던 것이 이제는 심각한 이념 갈등으로 변했다.

한편, 소크는 1953년 피츠버그 지역의 두 기관에서 인근 지역 어린이들뿐만 아니라, 자신과 부인 그리고 세 아들에게 시험 주사하여 백신의 안정성을 재차 확인했고, 예상대로 미디어와 일반 대중의 엄청난 관심을 받게 된다. 한편 NFIP는 백신 기금 모으기 캠페인을 위하여 대중의 호응을 불러일으키려고 소크를 열심히 홍보했으며, 실제로 대중에게 존경받는 소크는 의료 연구의 기적의 상징이 되어갔다. 그러나 세이빈과 다른 폴리오 연구자들은 NFIP가 소크를 기적을 행하는 사람으로, 또 소크의 사백신을 대중에게 홍보하는 데 대해 엄청 불쾌해 했다. 소크 자신도 어떤 일이 벌어지고 있는지 또 언론의 격찬에 동료들과의 관계에서 자신의 입지가 더욱 곤란해진 것을 잘 알고 있던 터라 매우 겸손한 태도로 일관했다.

1954년 NFIP가 스폰서가 되어 대규모의 임상시험에 착수했는데 폴리오 선구자(Polio Pioneer)라고 알려진 전국의 6~9세 사이의 어린이들 180만 명이 여기에 참여했다. 어떤 지역에서는 이 폴리오 선구자들의 반은 진짜 백신, 반은 가짜 백신을 맞았으며, 어떤 지역에선 아무 백신도 맞지 않은 그룹으로 나누어져 미시간 대학의 프랜시스 책임하에 주의깊게 관찰되었다. 1955년 4월 12일 소크의 멘토이자 임상시험의 책임자인 토머스 프랜시스는 3가 백신은 안전하고 소아마비에 대항하여 60~90%까지 효과적이라는 결과를 발표했다. 이 성공적인 결과로 소크는 국민적 영웅으로 떠올랐다.

CBS와의 인터뷰에서 앵커 머로(Edward Murrow)가 "누가 특허권을 갖는가"라고 묻자 소크는 다음과 같이 대답한다. "특허권은 없어요. 태양에 특허를 낼 수 있나요?" 소크의 답변으로 대중들은 그를 더욱 사랑하게 되었지만, 일부 동료들은 그가 정직하지 못하다고 의심한다. 사실상 소크 비판가들은 소크의 백신이 혁신적이지 못하다고 그를 평가절하했는데 이미 알려진 과정들이라 특허를 낼 수 없다고 생각했기 때문이다. 세이빈은 "당신도 부엌에 들어가서 소크가 한 것을 할 수 있다"라고 빈정댔다.

소아마비 백신이 성공했다는 발표가 있은 지 2주 후에 캘리포니아 커터(Cutter) 실험실에서 만든 백신을 맞은 어린이들 200명이 소아마비에 걸리고 11명이 사망하는 사건이 발생했다. 예방 접종은 중단되고 철저한 조사 끝에 제조 공정 잘못으로 밝혀졌다. 격렬한 논쟁 끝에 그러한 재발을 방지하기 위한 제조 공정의 표준을 채택하고,

소아마비 백신 임상시험에 참여한 '폴리오 선구자'들

중단되었던 예방접종이 다시 재개되었다.

1955년 말까지 700만 명의 어린이들이 접종을 마쳤고 다음 2년 동안 소크의 소아마비 백신 2억 도스 분량이 접종되는 동안 백신에 의해 유발된 소아마비가 한 건도 발생하지 않았다. 한편 세이빈의 생백신이 나왔을 때는 이미 미국에서 소크의 사백신 접종 캠페인이 진행중이어서 대규모의 임상시험을 지원받기가 어려웠다.

그런데 1956년에 소련에서 소아마비로 인해 공중 보건에 심각한 위기가 닥치게 되자 세이빈은 자신의 생백신을 가지고 대규모 시험 접종을 하도록 소련 보건성을 설득했다. 세이빈은 1961년까지 소련과 다른 나라에서 최소 1억 명의 사람들에게 먹는 백신을 접종하여 백신의 효능과 안정성을 검증했다. 소크의 홍보 능력에 뒤지지 않으려고 세이빈은 신문기사, 성명서, 과학 학회 등을 통해 백신을 홍보하기 위해 폭넓게 순회를 다녔다. 마침내 미국 공중위생국은 1961년 미국 내 시판을 허가했고 세이빈도 소크와 마찬가지로 백신에 대한 특허를 내지 않았다.

그렇다면 생백신의 장점은 무엇일까?

세이빈의 경구 소아마비 백신의 중요한 장점은 주사로 접종하는 소크의 사백신과는 달리 편리하게 액체나 사탕으로 먹는 백신이어서 다루기가 간편하며, 주사 바늘에 의한 감염 우려도 없다. 또한 세 번이나 접종해야 하는 사백신과는 달리 한 번 먹는 것만으로 충분하며 비용도 저렴하고, 특히 의사가 없는 오지나 전쟁 지역에서는 경구 폴리오백신(OPV)이 편리하다.

세이빈의 먹는 백신은 활성이 약화된 바이러스를 장으로 보내 그곳에서 항체를 만들어 앞으로의 바이러스 침입에 대한 방어체계를 만든다. 그리고 접종 후에는 사람들이 변을 통해 활성이 약화된 바이러스를 배출하고 생태계로 퍼지면서 다른 사람들의 면역력을 증진시켜 점차적으로 소아마비에 감염되기 쉬운 어린이들의 수를 감소시키는 효과를 가져왔다.

다음 표는 생백신과 사백신의 중요한 차이를 표시한 것이다.

성질	OPV(생백신)	IPV(사백신)
접종 방법	경구 투여	주사
유형	활성이 약화된 생백신	비활성화된 사백신
위장관 면역	Yes	No
변으로 바이러스 배출	Yes	No
수송과 저장 조건	엄격한 규정	엄격하지 않음
원상태로 복귀 능력	Yes	No

1962년, 세이빈의 백신은 접종하는 데 의사나 간호사가 필요하지 않아 사용이 간편하고 값도 저렴하여 소크의 백신을 대신하여 국제적으로 사용되었다. 그러나 세이빈의 생백신은 100만 명당 한 사람의 빈도로 백신과 연관된 소아마비를 일으켰는데 이는 최소한 활성이 약화된 바이러스가 좀 더 악성인 원래의 형태로 회복되었기 때문이다. 1990년대가 지나면서는 미국을 선두로 개량된 사백신(IPV)과 생백신(OPV) 둘 다 사용하는 혼합 (IPV-OPV) 백신을 채택한다.

1994년 세계보건기구(WHO)는 중앙아메리카와 남아메리카에서 대규모 면역 캠페인 덕택에 서반구에서 자연산 소아마비 바이러스가 완전히 박멸되었다고 발표했고, 한국을 포함한 서태평양 37개국은 2000년에 소아마비 완전 근절을 선언했다.

세계적으로 폴리오 백신이 개발된 지 약 50년 만에 폴리오바이러스가 거의 근절되자 1999년부터 미국에서 다시 사백신이 생백신을 대체했다. 미국에서는 더 이상 생백신을 생산하지 않게 되고 이는 세계적 추세로 이어졌다. 그러나 요즈음은 다시 혼용이 좋다는 논문이 발표되고 있으니 소크 대 세이빈의 전쟁은 아직도 완전히 끝나지 않은 것 같다.

왜 노벨상을 타지 못했을까?

인류를 크나큰 공포에 몰아넣었던 소아마비를 퇴치한 소크와 세이빈은 위대한 공적에도 불구하고 노벨상을 수상하지 못했다. 그러나 1954년 앤더스, 웰러, 로빈스는 '신경세포가 아닌 다양한 조직을 시험관에서 배양하여 폴리오바이러스의 배양법을 발견한 공로'로 노벨 생리·의학상을 수상했는데, 그렇다면 노벨상위원회는 소크나 세이빈 두 사람이 기존의 연구에서 더 새로운 발견을 하지 못했다고 판단했는지도 모른다.

세이빈은 소크에게 기존 과학계의 전통을 따르지 않고 NFIP의 이익을 따른다면 대가를 치러야 할 것이라고 돌직구를 날렸는데, 일부에서는 소크와 세이빈의 지지자들까지 가세한 두 사람의 끊임없는 불화 때문에 노벨상위원회가 두 사람 모두에게 수상하지 않기로 결정한 것이 아닐까 추측하기도 한다. 여하튼 세이빈 말대로 소크는 과학계의 메이저들에게 왕따 당하여 노벨상은커녕 세이빈과는 달리 미국 과학학술원 회원으로도 선출되지 못했다. 그럼에도 불구하고 1963년 소크는 샌디에이고에 명망 있는 '소크 생물학 연구소'를 설립한다. 간접화법이나 외교적 언사 대신 정면으로 준열하게 소크를 비판하기를 선호하는 세이빈이 남긴 유명한 말 중의 하나는 다음과 같다.

"나는 그저 그런 백신이 아니라 진짜 백신을 개발했다(I developed the vaccine, not a vaccine)."

03

파스퇴르는 반(anti) 영웅인가?

– 논문 표절과 앙투안 베샹과의 논쟁

과학사의 전설적인 인물들 중 한 명인 루이 파스퇴르(Louis Pasteur)가 실상은 자신의 실험 데이터를 조작했으며 라이벌 과학자의 아이디어를 훔치고, 거짓말을 한 표절자라고 누가 감히 생각이나 할 수 있었을까?

1878년 파스퇴르가 55세의 나이에 이미 프랑스의 국민적 영웅이 되었을 때, 그는 가족들에게 자신의 실험노트를 아무에게도 보여주지 말라고 했다. 이러한 지시는 거의 한 세기 동안 잘 지켜졌다. 파스퇴르가 1895년 사망하고 난 후 그가 남긴 대부분의 원고들과 함께 실험노트도 1964년까지 공개되지 않은 채 그의 직계가족들이 소장하고 있었다.

그런데 파스퇴르의 손자 발레리-라도(Dr. Pasteur Vallery-Radot)

는 가족들이 보관하고 있던 방대한 양의 파스퇴르의 연구 논문 및 실험 노트를 파리국립도서관에 기증했다. 이 자료는 파스퇴르의 손자가 죽고 난 뒤 1970년대 중반부터 일부 연구자에게 제한적으로 공개되었는데 1985년까지 파스퇴르가 남긴 자료의 목록조차 정리되지 않았다.

파스퇴르가 남긴 가장 중요한 자료들은 40년에 걸친 연구생활의 자세한 연구 활동을 매일같이 기록해놓은 140권이 넘는 실험노트들이다. 1995년 유네스코는 파스퇴르의 사망 100주년을 기념하여 '파스퇴르의 해'를 선언했는데, 마치 이를 비웃듯 〈뉴욕타임스〉지에 '파스퇴르의 기만'이라는 기사가 실렸다.

《루이 파스퇴르의 은밀한 과학》

프린스턴 대학의 과학사가 제럴드 기슨(Gerald Geison)은 100권이 넘는 파스퇴르의 모든 실험노트들을 철저히 조사한 후 《루이 파스퇴르의 은밀한 과학(The Private Science of Louis Pasteur, 1995)》을 출판한다. 이 책에서 기슨은 파스퇴르의 연구는 독창적인 것이 아니며 라이벌 과학자들(주로 베샹)의 논문을 표절하고 결정적으로 실험노트의 데이터가 조작되었다는 증거가 있다고 주장했다.

우리는 주변에서 우유를 비롯해 도처에서 파스퇴르의 이름을 자주 만난다. 아인슈타인만큼이나 이미 전설이 된 파스퇴르에게는 심각한 명예훼손을 초래할 수 있는, 실로 위험한 주장이 아닐 수 없다. 그러나 이미 그 전에도 유사한 내용으로 《베샹 또는 파스퇴르?: 생물학 역사에서 잃어버린 장(1923)》《파스퇴르, 표절자, 사기꾼: 세균병원실 붕괴되다(1942)》등이 번서 출판된 석이 있었다. 오늘날에도 상당수의 과학자들은 파스퇴르가 경쟁자였던 베샹(Antoine Béchamp)이나 베르나르(Claude Bernard)와 투생(Henry Toussaint)의 업적을 가로채고 데이터를 조작하여 과학자의 윤리를 심각하게 손상시켰다고 말한다.

파스퇴르 vs 베샹, 누가 진짜 위대한 과학자인가?

19세기 프랑스에는 발효, 미생물, 전염병 연구를 하는 대표적인 연구자들로 루이 파스퇴르(Louis Pasteur, 1822~1895), 앙투안 베샹(Antoine Béchamp, 1816~1908), 클로드 베르나르(Claude Bernard, 1813~1878)가 있었다.

그들의 연구 분야가 서로 겹치면서, 때로는 일치하기도 하고 때로는 상이한 결론을 내리면서 이들 간에 강한 라이벌 의식이 싹트게 된다. 특히 질병에 대한 베샹의 세포론(Cellular theory)과 파스퇴르의 세균론(Germ theory)이 서로 격돌하게 되었다. 베르나르의 생체

환경론(Terrain theory)은 베샹의 것과 일치했음에도 불구하고 파스퇴르는 베르나르와 상당히 가깝게 지냈으며, 오랜 기간 서로 도움을 주고받았지만 베샹에게는 격하게 적대적이었다. 결론적으로 동시대를 살았던 이 세 명의 과학자들 중 표절과 사기라는 큰 논란을 일으켰던 파스퇴르만이 전설적인 인물이 되었고, 특히 베샹의 이름은 거의 알려져 있지 않다.

이에 대해 과학사가 기슨에 의하면 파스퇴르의 신화, 그에 대한 숭배 현상은 파스퇴르 스스로 만들면서 시작되었다고 한다. 즉 "파스퇴르는 신화적 수준으로 자신의 공로를 극대화하는 긴 무용담을 만들어냈다. 그의 동시대 사람들도 파스퇴르가 사용한 중요한 수법을 잘 알고 있었다. 즉 그는 연구 배경을 쓸 때도 주요 기여자들은 물론 자신과 가까운 공동 연구자들의 이름조차 언급하지 않았다. 그는 연구에 가장 신세를 진 사람들에게는 극단적으로 잔인하여 절대로 감사의 말을 쓰지 않았고, 실험노트와 논문의 데이터가 달랐으며, 다른 사람의 연구 결과를 마치 자기 것인 양 포장했다"고 폭로했다.

1871년 프랑스-프로이센 전쟁에서 프랑스가 패하자 프랑스와 독일 사이에는 정치적 적대감이 극에 달했고 각기 두 나라를 대표하는 미생물학자 파스퇴르와 코흐가 미생물의 전쟁터에서 국가적 자존심을 걸고 격돌했다. 이때 파스퇴르가 '프랑스를 위한 백기사로서의 이미지를 더욱 고양시켜 국가적 영웅의 이미지를 공고히 했다'고 기슨은 말한다. 한마디로 파스퇴르는 굉장히 정치적이었고 자기선전의 천재이며 극적이고 또한 유려한 문장의 소유자라는 것이다.

특히 파스퇴르는 나폴레옹 3세와 교회 고위층의 총애를 받고 있어 과학계에 상당한 영향력을 발휘하고 있었다. 그래서 오죽하면 "프랑스에서는 사람들이 무정부주의자, 공산주의자 또는 허무주의자가 될 수는 있을지언정 안티 파스퇴르가 될 수는 없다. 단순한 과학의 문제가 애국심의 문제로 비화되었다"라는 말까지 나올 정도였다.

파스퇴르가 영향력을 과시하는 한편에서 '과학의 온화한 거인'이라고 불리는 베샹은 과학, 의학, 영양학, 그리고 유전학의 모든 분야에서 가장 중요한 선구적 역할을 수행했다. 하지만 파스퇴르에 의해 그의 연구가 조직적으로 폄하되고 표절되어 오늘날 그의 업적은 거의 알려지지 않고 있다.

그래서 베샹을 추종하는 과학자들—특히 대체의학이나 중국, 인도 등의 동양의학—은 마치 테슬라가 에너지 위기의 해결책을 갖고 있었듯이 인류가 당면해 있는 건강관리 위기에 대해 베샹이 해결책을 갖고 있었다고 믿었다. 그래서 파스퇴르를 의학계의 토머스 에디슨, 베샹을 니콜라 테슬라라고 부르기도 한다. 그렇다면 사회의 지배계층에서 소외된 아웃사이더, 또는 소수자의 이야기도 들어봄으로써 사고의 지평을 넓힐 수 있을 것 같다.

발효의 발견자는 누구인가? - 베샹 대 파스퇴르

19세기 초반까지만 해도 발효 과정이 제대로 규명되지 못하던 때여서, 발효는 무생물에서 자연적으로 미생물이 생기기 때문이라는 '자연발생설'이 정설처럼 되어 있었다.

1850년대 베샹은 발효를 연구하던 많은 과학자들 중 한 사람이었다. 그때까지는 사탕수수의 자당(sucrose)이 물에 녹으면 상온에서 천천히 포도당과 과당으로 전환된다는 아이디어가 널리 퍼져 있었다. 이 과정을 당의 반전반응이라고 하는데, 엄밀하게 화학적 전환으로 생각해왔다. 이 전환은 편광된 빛과 편광계를 써서 회전각이 변화하는지를 관찰함으로써 감지할 수 있으며 만일 회전 각도가 변한다면 반전반응이 일어난 것이다.

1854년 5월, 베샹은 '비컨 실험(Beacon Experiment)'으로 알려진 일련의 당의 반전반응 실험을 수행하고 있었다. 실온에서 사탕수수당을 공기를 포함하고 있는 유리병 속에서 완전히 물에 녹이고 몇 개의 다른 병에는 똑같은 용액에 화학약품을 첨가했다. 그런데 아무런 화학약품도 첨가하지 않은 용액에서는 약 30일 만에 곰팡이가 나타났으며 그 후 다음달부터는 곰팡이의 크기가 증가하지 않았다. 당(糖)의 반전반응은 이 유리병 안에서 신속하게 진행되었지만 화학약품을 첨가한 병에서는 반응이 일어나지 않은 것이다.

그는 편광계를 가지고 반전반응을 수시로 측정하여 이 같은 관찰을 분석해 1855년 2월 19일 프랑스 과학학술원에서 발표했다. 또한 곰팡이의 근원을 설명하기 위해 1856년 6월과 1857년 3월 각각 일련의 실험을 시작하여, 두 시리즈의 실험들을 모두 1857년 12월에 끝냈다. 그런데 이 일련의 실험 도중 플라스크를 다루면서 소량의 액체가 흘러 두 플라스크들의 액체가 공기와 약간 접촉하게 되었다.

그러자 공기에 노출된 두 개의 플라스크 안에서 곰팡이들이 생겨나고 용액에서는 반전반응 변화가 일어났다. 곰팡이가 빨리 자랄수록 변화가 빨리 일어났으며 공기에 접촉하지 않은 9개의 플라스크 안에서는 곰팡이가 생기지 않았고 당의 반전반응도 일어나지 않았다. 분명히 곰팡이와 당의 반전반응이 생기기 위해서는 공기가 필요하고, 의심할 여지없이 곰팡이와 당의 반전반응은 자연발생적이 아니라 처음 두 플라스크 안으로 들어간 공기 속에서 운반된 '무엇'인가에 의해서 만들어진 것이다!

베샹의 용액은 단지 순수한 당과 물로 만들어졌으며 갓 만든 소석회와 함께 가열했을 때 암모니아를 방출하지 않았는데 이는 용액 속에 알부민이 함유되어 있지 않다는 충분한 증거이다. 그러나 공기와 접촉한 두 용액에서는 알부민 물질을 포함한 곰팡이들이 생겼다. 베샹은 이 곰팡이들이 살아 있는 유기체이며 곰팡이의 발달 정도에 비례해서 당이 반전반응을 일으켰다고 증명하였으며, 이 기초적인 생명이 효소로 작용한다고 보았다. 한편 파스퇴르는 공기와 용액이 접

축한 것을 간과한 채 발효를 "공기가 필요 없는 또는 산소가 필요 없는 생명체"라고 했다.

베샹은 1857년 12월 프랑스 과학학술원에 제출한 논문(1858년 1월에 출판)에서 곰팡이와 효소의 생성과 성장에 대한 생리학적 본질을 규명하고 1864년 논문에서 더 상세하게 설명했지만 파스퇴르는 1872년까지도 발효의 생리학적 실체를 완전히 이해하지 못하고 있었다. 그럼에도 불구하고 역사는 베샹이 아닌 파스퇴르를 발효 과정의 최초 발견자로 기록하고 있다. "최초로 발효를 발견한 사람은 누구인가"를 놓고 베샹은 파스퇴르와 경쟁을 시작하면서 나중에는 미생물학, 발병의 원인, 그리고 세균설에 이르기까지 오랜 기간 파스퇴르의 격렬한 공격을 받게 된다.

베샹의 세포론 대 파스퇴르의 세균론의 격돌

현대 미생물학의 아버지로 불리는 루이 파스퇴르의 '질병의 세균설'에 의하면 질병은 외부에서 몸으로 침입하는 세균에 의해서 일어난다고 보았다. 즉 1만 가지의 질병이 있다면 이와 연관된 특정 세균들이 몸에 들어와서 병이 일어난다는 것으로 19세기 후반 미국과 유럽에서는 공식적으로 파스퇴르의 세균 이론을 의학의 대증요법과 미생물학의 기본으로 받아들였다. 따라서 항생제를 써서 체내에 침입한 미생물을 죽이고 소량의 미생물로 만든 백신으로 신체의 방어

체계를 자극하는 것이 전신 감염을 막는 기본이 되었다.

한편 베샹은 질병에 대한 세포이론에서 인체에서 질병을 일으키는 것은 세균 자체가 아니라 건강하거나 또는 병들게 하는 생물학적 환경은 근본적으로 다음 네 가지 사항들의 결합에 의해서 결정된다고 지적했다. 첫째, 신체의 산/알칼리 균형(pH). 둘째, 신체의 전기적/자기적 전하(음 또는 양). 셋째, 신체 내 독성의 수준. 넷째, 신체의 영양 상태.

우리는 수없이 많은 박테리아나 세균에 둘러싸여 있고 호흡할 때 시간당 약 1만 4000개의 세균이 끊임없이 몸으로 들어가므로 베샹은 "세균이나 바이러스가 우리를 병나게 하는 것이 아니라 단지 그들은 자신들의 자연 서식지를 찾고 있을 뿐이다"라고 했다. 미생물은 세포보다 더 작은 마이크로지마(microzyma)라고 불리는 세포 내 발효 미생물로부터 유래하며, 살아 있는 병든 유기체에서 발견되는 독성 물질들에 의해서 생존한다고 주장했다.

이 마이크로지마는 모든 살아 있는 유기체의 조직이나 혈액 속에서 보통은 조용하게 휴지(休止) 상태로 있다가 무슨 이유로든(인체의 생물학적 환경이 위협을 받게 될 때) 변형이 일어난다고 보았다. 이는 현대 의학에서 면역세포가 병을 치유하는 중요한 요소가 된다는 견해와도 일치한다. 인체의 환경이 영양이 풍부하고 스트레스에 걸리지 않고 운동을 하여 건강하다면, 세균이 들어와도 병에 걸리지 않는다는 것을 베샹이 간파했다는 뜻이다.

파스퇴르의 세균론과 베샹의 세포론의 중요 쟁점을 요약하면 다음과 같다.

Germ Theory(파스퇴르의 세균론)	Cellular Theory(베샹의 세포론)
1) 질병은 몸 밖의 미생물에 의해서 일어난다.	1) 질병은 몸 세포 속의 미생물에 의해서 일어난다.
2) 미생물은 일반적으로 방어되어야 한다.	2) 몸 세포 속의 미생물은 정상적으로 몸의 신진대사를 구축하고 돕는다.
3) 미생물의 기능은 일정하다.	3) 세포 속 미생물은 숙주 유기체가 기계적뿐만 아니라 화학적으로 죽거나 손상되었을 때 숙주 유기체의 세포 이화작용(해체작용)을 돕는 것으로 바뀐다.
4) 미생물의 형태와 색깔은 일정하다.(단형성)	4) 세포 속 미생물은 매체를 반영하여 그들의 형태나 색깔이 변한다.(다형성)
5) 모든 질병은 특정한 미생물과 연관되어 있다.	5) 모든 질병은 특정한 상태와 관련이 있다.
6) 미생물이 주된 병의 원인이다.	6) 세포 속 미생물은 숙주 유기체의 건강이 악화될 때 병원체가 된다. 따라서 숙주 유기체의 상태가 주된 병의 원인이다.
7) 질병은 누구나 걸릴 수 있다.	7) 질병은 건강하지 못한 상태에서 걸린다.
8) 질병을 예방하기 위하여 방어막(ex: 백신)을 쳐야 한다.	8) 질병을 예방하기 위하여 몸을 건강하게 만들어야 한다.

파스퇴르의 세균론은 항균성 및 항바이러스성 약품의 특허와 판매로 엄청난 이익을 남기며 수조 달러의 의약품 산업으로 성장하는 배경이 되었다. 또한 이 이론은 농작물에는 농약과 비료의 필요성을, 그리고 산업적 축산으로 비좁은 우리에 갇힌 가축들에게는 항생제

를 사용하게 된 근거가 되었다. 그러나 농약과 화학비료는 땅과 농작물이 자생력을 잃게 만들고 가축들 역시 항생제를 투여할수록 면역 능력이 더 떨어진다. 과다한 항생제 투여로 유효한 치료제의 발견 속도보다 오히려 세균의 진화가 더 빠르게 앞서는 엄청난 재앙을 불러올 수 있다는 것을 예측할 수 있다. 따라서 베샹의 미생물학 연구가 받아들여졌다면 오히려 생명의 본질에 대하여 심오한 통찰력을 가지고 의료계를 대변혁시킬 수 있었을 것이다.

생전에 영화를 누린 파스퇴르는 말년에는 "세포환경론이 전부야, 세균은 아무것도 아니야!"라고 말했다고 한다. 반면 베샹은 "만일 내가 인생을 다시 살 수 있다면, 나는 세균이 병든 조직의 원인이라기보다는 자연 서식지로 병든 조직을 찾아다닌다는 것을 증명하는 데 바치겠다"라는 말을 남겼다.

투상 대 파스퇴르: 탄저병 백신의 라이벌

탄저병은 소, 말, 양 등 주로 초식동물에게서 발생하는 질병이다. 하지만 사람이나 동물에게 남아 있다가 새로운 숙주에게로 옮겨갈 수도 있으며 전염성이 강하여 생화학 무기로서의 위험성이 크다. 20세기까지 전세계적으로 매년 수십 만의 동물이 탄저병으로 죽어 축산업계에 심각한 문젯거리였다.

앙리 투상

1876년 독일의 세균학자 로버트 코흐가 탄저균(anthrax bacillus) 배양에 성공하여 직접 포자를 형성하고 포자를 동물에 주입하여 실험적으로 탄저병을 유발하는 데 성공했다.

그 후 앙리 투상(Henry Toussaint, 1847~1890)과 파스퇴르는 탄저병 백신을 개발하기 위한 치열한 경쟁에 돌입했다. 투상은 1879년 최초로 조류콜레라균(파스퇴렐라)을 분리하여 이 새로운 세균을 파스퇴르에게 제공해 연속 배양으로 독성을 감소시키는 특별한 연구에 사용하도록 했다.

투상은 1880년 7월 12일 역사적인 날 탄저병에 대한 활성이 약화된 백신을 얻는 방법을 논문으로 발표하고, 화학적인 방법에 의해서 탄저균의 독성을 약화시킨 백신을 사용하여 개나 양을 탄저병으로부터 보호할 수 있었다는 성공적인 실험 결과를 발표했다. 이로써 최초의 현대 백신의 탄생이 이루어진 것이다. 프랑스 과학학술원에서는 투상을 축하했지만, 질투심에 사로잡힌 파스퇴르는 그의 업적을 공격하기 시작했다. 즉 투상의 화학적 방법으로는 탄저병 백신을 만드는 것이 불가능하며 자신이 개발한 2~3개월 이상 공기 중 산소에 노출(산소 테크닉)시키는 병독성(病毒性) 약화(弱化)로만 가능하다고 주장했다. 그러나 산소가 세균을 약화시키는 이유에 대해서는 설명하지 못했다.

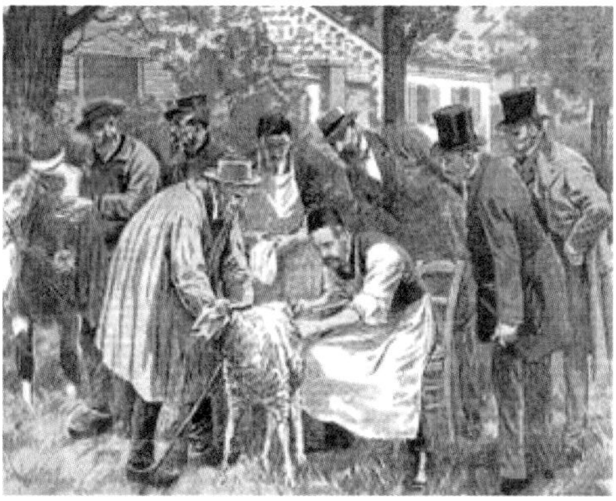
푸이 르 포르 목장에서의 탄저병 백신 실험

파스퇴르는 1881년 푸이 르 포르(Pouilly-le-Fort) 목장에서 공개적으로 자신이 만들었다는 탄저병 백신을 양에게 접종하여 탄저병 예방에 성공했다. 그러나 실상은 파스퇴르의 산소에 의한 백신은 그때까지 완성되지 않아 투상의 화학적 방법으로 만든 백신을 사용한 것이었다.

이 판촉 행사(!) 이후 파스퇴르는 파리의 실험실에서 투상의 방법으로 백신을 만들고 판매하여 모든 영광과 돈을 차지하고, 최초로 탄저병 백신을 개발한 인물로 역사에 이름을 남기게 되었다. 한편 이 일로 투상은 1890년 정신적으로 붕괴되어 43세의 나이에 세상을 떠났다. 그로부터 1세기가 지난 1998년에 이르러서야 비로소 프랑스 정부는 투상이 최초로 효과적인 탄저병 백신을 만든 인물이라고 인정했다.

광견병 백신에 대한 논란

파스퇴르의 연구 중 가장 논란이 되고 유명한 사건이 광견병 백신 개발에 관한 것이다.

1879년 8월 25일, 수의학 교수 갈티에(Pierre-Victor Galtier)는 광견병 백신에 대한 중요한 생체외(in vitro) 약화법에 관한 논문을 프랑스 과학학술원에서 발표했다. 파스퇴르의 조수인 의사 에밀 루(Emile Roux)가 갈티에의 연구를 이어받아 1883년 학술 논문으로 완성하고 이어서 광견병에 걸린 토끼의 척수를 건조시켜서 만들어진 사균(死菌) 백신을 만들었다. 그리고 인간에 대한 최초의 임상시험을 하기 전에 단 11마리의 개에게 광견병 백신 실험을 했다. 1885년 파스퇴르는 즉각 사람에 대해 임상시험을 계획했으나 루는 너무 놀라 아직 백신 방법의 안전성이 확실하지 않아 임상시험하기엔 너무 이르다고 했다.

의사인 루의 반대에도 불구하고 의사 자격증이 없는 미생물학자인 파스퇴르는 두 건의 광견병 백신 접종을 하여 성공시킨다. 첫 케이스는 1885년 7월 6일 광견병에 걸렸다는 개에 물린 9세의 마이스터(Joseph Meister)에게, 두 번째는 1885년 10월 20일 개에 물린 쥬피엘(Jupille)에게 광견병 예방주사를 맞혀 성공시켰다.

그러나 두 경우 모두 개가 광견병에 걸렸다는 확실한 실험적 증거

에밀 루

가 없었음에도 파스퇴르는 불과 6일 후인 10월 26일 프랑스 과학학술원에서 이미 쥬피엘이 회복했다는 백신 성공 사례를 발표했다.

파스퇴르의 광견병 접종 성공은 그를 일약 유명하게 만들었다. 프랑스, 러시아, 미국에서 개나 늑대한테 물린 사람들이 치료를 위해 그의 실험실로 몰려들었다. 파스퇴르는 국가적 영웅이자 신화가 되었고, 공공기관과 정부로부터 후원금이 쏟아져 들어와 파리에 파스퇴르 연구소를 차릴 수 있게 되었다.

그런데 의학자들은 파스퇴르의 광견병 백신이 논란을 일으키는 몇 가지 이유를 제시했다.

1. 파스퇴르는 위의 두 사건이 있기 전 백신을 성공적으로 사람에게 사용한 적이 없다.(실패한 경우는 보고하지 않고 성공한 경우만 발표

했다.)

2. 파스퇴르는 루의 건조된 척수 코드 프로세스를 따라했음에도 불구하고 마이스터에게 주사한 백신이 약화된 백신인 것처럼 과학계가 믿도록 숨겼다.(임상시험 하기 전 백신의 제조 방법을 밝히지 않았다.)

3. 파스퇴르는 의사가 아니기 때문에 마이스터가 백신 주사를 맞은 후 숨졌다면 매우 심각한 윤리적 문제에 봉착했을 것이다.

4. 파스퇴르는 루의 방법을 따라했음에도 불구하고 그의 기여에 대해 전혀 언급하지 않았다. 100년이 지난 후 과학사가 기슨이 파스퇴르의 실험노트를 조사하고 나서야 이 사실이 밝혀졌다.

그런데 주목할 만한 것은 개에 물린 사람 3000명이 파스퇴르 연구소에서 파스퇴르식 치료를 받은 후 사망했다고 보고서에 기록되어 있다는 사실이다. 한편 그 이전 런던병원의 기록에는 개에게 물린 2668명이 파스퇴르식 치료를 받지 않았음에도 한 명도 광견병에 걸리지 않았다고 보고하고 있다.

미국 농업국은 광견병에 걸리는 경우는 극히 드물며 특히 광견병에 걸리지 않은 개한테 물린 경우 아무도 광견병에 걸리지 않는다고 보고했다. 매우 드물지만 설령 광견병에 걸린 개한테 물렸다고 해도 적절한 치료를 받지 않은 15% 미만의 사람들만이 광견병에 걸렸다고 하며 전염성은 전혀 없다고 한다.

우리가 그동안 믿었던 영웅이 진짜 영웅이 아니라면? 반(anti) 영웅시대에서는 단순히 과학사에 나오는 영웅 신화에 매달리는 대신 실제 있는 그대로 영웅들을 재평가할 필요가 있지 않을까 싶다.

04

미생물학의 창시자 코흐 대 파스퇴르의 전쟁

숙명적인 라이벌 관계는 정치계나 스포츠계뿐만 아니라 다양한 분야에서 나타난다. 코카콜라와 펩시콜라처럼 기업에서부터 정도전과 이방원 같은 정치적 라이벌, 헤밍웨이와 윌리엄 포크너 같은 위대한 작가, 그리고 미켈란젤로와 레오나르도 다빈치 같은 천재 예술가에 이르기까지 거의 모든 분야에서 일어나고 있다. 통제되지 않은 지나친 경쟁심은 서로를 파멸에 이르게 하지만 적절한 라이벌 의식은 성공의 원동력이 되기도 한다.

황금기(Gilded Age)
일명 도금시대. 19세기 중반부터 19세기 말까지 남북전쟁이 끝나고 비약적인 경제 성장을 이룬 시기를 말한다.

과학자들 간에도 이러한 경쟁의식을 빼놓을 수 없는데, 미국의 황금기(Gilded Age)에 코프(Edward Drinker Cope)와 마쉬(Othniel Charles Marsh), 두 고생물학자들 사이에 벌어졌던 소위 공룡화석 전쟁(Dinosaur Bone Wars)은 치명적인 경쟁의식이 서로를 파멸로 몰아간 경우이다. 둘은 상대방의 명성에 치명타를 가하여 연구비가 끊어지게 하려고 1877년부터 1892년까지 도둑질, 뇌물, 화석 파괴 등 온갖 추악한 일을 벌이다가 둘 다 경제적·사회적으로 몰락하고 말았다. 그러나 아이러니컬하게도 두 사람 사이에 벌어진 공룡 화석 전쟁의 결과는 고생물에 대한 지식의 확산과 공룡에 대한 일반인의 관심을 촉발시켜, 이후 수십 년간 북아메리카의 화석 발굴이 계속되도록 이끌었다.

코흐

파스퇴르

미생물학 분야에서도 유명한 전쟁이 있는데, 의학·생물학 여명기의 두 거장, 로베르트 코흐(Robert Koch)와 루이 파스퇴르(Louis Pasteur)가 독일과 프랑스의 국가적 자존심을 걸고 격돌하게 된 사건이다.

코흐와 파스퇴르의 전쟁

우리가 교과서에서 쉽게 찾아볼 수 있는 지식들은 실제로는 그 발견 과정이 무척 길고 또 현대 기준으로 볼 때 비위생적이던 시절에 발견된 것들이다. 1856년 이전에는 비록 몇 가지 현대 과학의 기본

테크닉이 알려져 있었지만 당시는 우리가 알고 있는 과학적 패러다임이 아직 완전히 정착하지 못하고 있던 때였다. 19세기 후반은 과학과 공상의 이상한 결합이 난무해서 많은 사람들은 날벌레, 구더기, 미생물들이 아무것도 없는 것에서 또는 무기물에서 생긴다는 자연발생설을 믿고 있었다. 푸셰(Felix Pouchet)는 그에 대한 과학적 증거가 있다고까지 주장했다.

이런 몽매한(?) 시절에 미생물학 발전의 가장 유명하고 가장 이상한 사건 중 하나가 코흐와 파스퇴르의 라이벌 경쟁에 관한 이야기이다. 민족주의가 점차 목소리를 높여가던 시대에 프랑스와 독일 사이의 격렬하고 편집적인 경쟁이 두 사람에 의해 촉발되었다. 코흐와 파스퇴르는 미생물의 전쟁터에서 각각 독일과 프랑스를 대표하여 국제적 명성을 위해 싸웠다. 비록 경쟁심 때문에 코흐의 배양 기법이 프랑스에, 그리고 파스퇴르의 광견병 백신이 독일에 늦게 도입되었지만, 과학적 업적의 최고 영예를 얻으려는 강렬한 욕망이 두 사람 다 백신과 세균학의 여러 기법들을 도입하는 등 미생물학의 공동 창시자가 되어, 인류를 위해 큰 업적을 이루었다는 데는 반론의 여지가 없다.

파스퇴르는 당대에 가장 유명한 프랑스인으로 미생물학에 폭넓은 관심을 가진 화학자이다. 반면 코흐는 질병의 확산 이론을 정립한 헨레(Jacob Henle)의 학생으로 인간에게 질병을 일으키는 세균에 관심을 가진 독일 의사였다. 파스퇴르가 면역법을 통해 각 개인들을 보호하는 방법을 연구했다면, 코흐는 좀 더 나은 위생과 공중보건을 통해 지역사회를 보호하려고 연구했다.

코흐보다 스무 살쯤 연상인 파스퇴르는 분자의 비대칭성을 발견했고, 발효에 대한 연구, 소독법을 도입한 리스터(Joseph Lister)로부터 영감을 받아 자연발생설을 논박하는 등 이미 유명한 미생물학자였다. 그는 프랑스의 포도주 산업에 저온살균법을 도입하고, 프랑스의 누에산업에 대재앙을 가져온 누에병을 해결했다. 또한 세균학을 약독화(弱毒化)된 파스튜렐라균들에 적용하였으며, 닭 콜레라 백신과 탄저병 백신을 만드는 활발한 연구를 하고 있었다(100년 후 프랑스 정부는 탄저균 백신을 만든 사람은 베샹이라고 발표했다).

한편 코흐는 순수 배양을 도입하고, 최초로 탄저균, 콜레라균, 결핵균을 발견하여 '세균학의 아버지'라고 불린다. 그는 세균학에 고체 배양과 염색법을 도입했으며, 스승 헨레의 영향을 받아 '코흐의 4가지 원칙'을 세운다. 그는 미생물 종의 생물학적·화학적 특징은 독특할 뿐 아니라 영구적이라고 믿었다. 이러한 견해는 미생물 독성은 일정한 것이 아니며 대신 가변적 물성이라는 파스퇴르의 개념과 서로 상충된다.

코흐와 파스퇴르 사이에 강한 경쟁의식이 시작된 것은 탄저병에 대한 관심이 겹치게 되면서부터였다. 당시의 정치적 상황은 1870~1871년 사이에 일어난 프로이센-프랑스 전쟁에서 프랑스가 패하자 알자스-로렌 지방 대부분을 할양받은 프로이센이 독일제국의 성립을 선포하던 때였다.

코흐는 전쟁에 군의관으로 자원입대할 정도로 열렬한 애국자였는데 두 사람 사이의 경쟁심은 개인적·과학적 적대감뿐만 아니라 민족주의까지 더해져 더욱 격렬해졌다. "과학에는 국경이 없지만 과학자에겐 조국이 있다"라고 말하던 파스퇴르는 1871년 독일의 본 대학에서 준 명예박사학위까지 돌려보낼 정도였다. 다음과 같은 분노와 경멸이 섞여 있는 말과 함께. "나는 양국 국민의 대학살을 고집하는 자들이 불러일으킨 야만과 위선에 대한 분노의 표시로서 양심의 명령에 따라 내 이름을 귀 대학의 교수 명단에서 삭제하고 이 학위증을 취소할 것을 요구합니다."

이에 대해 본 대학의 의과대학 학장도 지지 않고 응수했다. "본 대학교 현 의과대학 학장인 본인은 감히 독일 국민에게 가한 모욕에 대하여 고귀하고 신성한 프러시아의 황제 빌헬름께서 당신에게 모든 경멸을 보낸다고 답변할 책임이 있습니다."

한편 1876년 33세의 코흐가 탄저병에 대한 병인학(病因學)과 생애주기에 관한 논문을 발표해 국제적 명성을 얻게 되었을 때, 54세의 파스퇴르는 이미 자연발생설과 발효에 대한 배종설로 유명 과학자 반열에 올라 있었다. 파스퇴르는 독일의 미생물학에 선두를 뺏기지 않겠다는 생각으로 1878~1880년 사이에 탄저병에 대한 논문을 여러 편 발표한다. 그렇게 하면서 파스퇴르는 탄저균에 대한 명칭을 코호가 사용했던 바실루스 탄저균(Bacillus anthracis)이라는 용어 대신 프랑스 의사 다베인(Casimir Davaine)이 사용한 용어 박테리디아(Bacteridia)를 지속적으로 사용함으로써 다베인에 대한 지지를 표시했다.

한편 독일이 점차 과학적·기술적 그리고 산업적 우월성을 키워갈수록 유럽 국가들 사이에서 '독일 문제'에 대한 긴장감도 커져갔다. 프랑스, 독일, 영국 그리고 이탈리아는 식민지 의료의 새로운 변종인 열대의학의 지원으로 아프리카나 아시아를 식민지화하려는 시도를 강화시켜갔다. 이러한 상황 속에 '세균이론 응용'이란 의도가 깊숙이 감춰져 있었는데, 각국의 과학자들은 열대의학의 발전을 선도하기 위해 경쟁했다.

1882년 제네바에서 열린 위생 및 인구통계학 국제대회에서 파스퇴르의 강연을 독일어로 코흐에게 통역해주던 친구가 "독일인의 오만"이라고 잘못 통역하여 코흐의 분노에 방아쇠를 당겼다.

1883년 이집트 알렉산드리아에서 콜레라가 창궐하자 코흐와 파스퇴르 양측은 원인 규명을 위해 경쟁적으로 과학자들을 보냈다. 코흐가 콜레라균을 규명하고 승리에 차서 돌아왔고, 그 때문에 파스퇴르는 광견병 백신 개발로 연구 방향을 바꿨다. 광견병은 드물게 발생하지만 거의 치명적이어서 사람들을 두렵게 했다. 1885년, 파스퇴르는 광견병 백신을 만들어 국가적 영웅이 되었고 세계 최초의 생물

광견병 백신 100주년 기념우표

의학 연구소인 파스퇴르 연구소 설립을 위한 기부금들이 전세계에서 쏟아져 들어왔다.

1889년 파리에 파스퇴르 연구소가 세워졌다. 독일의 공중보건이 코흐의 세균학에 근거를 두게 되자 파스퇴르는 프랑스에 저온살균법을 도입한다.

한편 코흐는 결핵을 일으키는 원인균으로 결핵균(tubercle bacillus)을 발견하여 세계적으로 명성을 떨치게 되었다. 코흐는 결핵 치료제를 개발하여 이익금으로 파스퇴르 연구소처럼 독립적인 자신의 연구소를 차리는 데 사용하기 위하여 연구를 새로운 방향으로 돌렸다. 완벽주의자이던 코흐는 1890년 경쟁으로 인한 압박감에 성급하게 결핵 치료제 튜베르클린을 개발했다고 발표하여 대중의 폭발적 지지를 불러일으켰다.

그러나 곧 튜베르클린이 그다지 효과가 없고 부작용으로 죽는 사람까지 발생하자 코흐의 명성에 큰 상처를 입혔다. 그러나 4년 후인 1896년 새로 만든 튜베르클린이 치료제로는 별 효과가 없지만 '튜베르클린 반응'이라고 하여 결핵의 감염 여부를 테스트하는 진단제로서는 효과적이라는 것이 증명되면서 손상된 명예를 회복했다.

코흐의 기념우표

1901년 7월 코흐는 런던에서 열린 영국 결핵대회에서 사람과 소에 결핵을 일으키는 세균은 동일하지 않으며, 소의 결핵균이 사람을 거의 감염시키지 않아 이에 대한 어떤 조치도 필요하지 않다고 발표한다. 병에 걸린 소의 고기나 우유를 사람이 먹지 못하도록 하여 병의 전파를 막기를 원하던 사람들은 격렬하게 반발하며 의무적으로 소의 검사와 우유의 저온살균, 병든 가축의 살처분을 주장했다. 그러나 여전히 코흐는 이러한 공중보건 조치를 지지하는 것을 거부하여 그의 명성은 다시 한 번 상처를 받았다.

코흐는 세균학의 아버지라고 할 만한 큰 업적을 이루었음에도 불구하고 그의 제자 베링(Emil von Behring)이 먼저 혈청요법, 특히 디프테리아에 대한 응용으로 1901년 노벨상을 수상했다. 코흐가 4년이나 늦게 수상하게 되는데 그 이유가 튜베르클린 실패와 젊은 여배우와의 스캔들 등이 겹친 때문이 아닌가 추측해볼 뿐이다. 여하튼 결핵과 열대성 전염병에 관한 공로로 코흐는 1905년 노벨 생리·의학상을 수상한다. 그리고 본인이 희망하던 파스퇴르 연구소 같은 민간 연구소는 아니지만 그의 사후, 정부의 명망있는 베를린 전염병 연구소가 '로베르트 코흐 연구소'로 이름을 바꾸어 그의 이름을 남겨주었다.

파스퇴르와 코흐의 경쟁에는 프랑스와 독일 간의 정치적 적대감도 일부 반영되었지만, 좀 더 사적 수준으로 내려가면 파스퇴르와 코흐의 '미생물학파'라는 당대 양맥의 학계가 서로 다른 방법과 철학을 고수하고 있었기 때문이다. 파스퇴르는 면역학의 문제와 특정 전염병으로부터 사람이나 동물들을 보호하는 특정 방법을 개발하는 데 깊은 관심을 가진 반면 코흐는 전염병을 제어하는 공중보건 조치를 지지했다. 즉 파스퇴르의 접근 방법은 개인들에게 예방주사를 맞히는 것이었지만, 코흐의 접근 방법은 국민들을 보호하기 위한 위생 개선에 의존하는 것이었다.

코흐와 파스퇴르 두 사람 다 불 같은 성격에 너그럽지 못했지만 그들의 개인적·국가적 악감정에도 불구하고 두 사람 모두 진리를 위해 자신들의 지적 능력과 마음을 바쳐 인류에 대한 봉사에 헌신한 것만은 사실이다.

05

진화론의 선구자 뷔퐁 백작과 숙적 칼 폰 린네

우리가 초등학교 때 이미 배워 알고 있듯이 갈릴레오는 시대를 앞질러 너무 일찍 지동설을 주장한 탓에 종교재판까지 받는다. 그러나 그보다 몇 년 앞서 지동설을 주장하다 화형을 당하는 브루노(Giordano Bruno)와는 달리 갈릴레오는 종교재판에서 지동설을 부인하고 자신의 오만함(!)을 회개하여 목숨을 구한다. 신정일치(神政一致)의 시대상황에서 진리의 순교를 선택하지 않은 갈릴레오를 누가 비겁하다고 할 수 있을까.

시대 상황은 둘째치고 요즈음은 작은 집단에서도 목소리가 크거나 쥐꼬리만한 권력을 쥔 사람 앞에서 잘못된 것을 비판하기보다 침묵을 택하는 것이 생활의 지혜처럼 돼버렸다. 그래서인가 새삼 용기 있는 과학계의 아웃사이더들에게 관심이 간다.

뷔퐁 백작

1600년대의 박물학자들은 세계의 기원은 수천 년 정도이고 인간이 천사 바로 밑에 위치하며, 종(種)들은 개별적으로 창조되고 불변의 계층 구조로 조직되었다고 믿었다. 1800년대에 와서 다윈은 세계가 상상할 수도 없이 오래되었으며 생명은 직접적인 신(神)의 개입 없이 한 형태에서 다른 형태로 점진적으로 진화한다고 묘사했다. 이 두 관점의 대략 중간 지점에—연대순으로나 지적으로나—주목할 만한 인물 뷔퐁 백작이 있다.

뷔퐁 백작(Comte de Buffon, 1709~1788), 즉 조르주 루이 르클레르(Georges-Louis Leclerc)는 박식가(Polymath)로 자연사학자, 수학자, 우주론자 그리고 진화론의 아버지이다. 1700년대의 박물학자들 중에서 뷔퐁은 계몽사상이 자연에 관한 연구에 끼친 혁명적 변화를 상징하는 최고의 인물로 꼽히며, 그의 연구는 라마르크(Jean-Baptiste Lamarck), 퀴비에(Georges Cuvier) 그리고 찰스 다윈(Charles Darwin)을 포함하는 차세대 자연사학자들에게 큰 영향을 끼쳤다.

뷔퐁의 생애

뷔퐁은 1707년 9월 7일, 부르고뉴(Burgundy) 지방 디종(Djon)의 북서쪽에 있는 작은 마을 몽바르(Montbard)에서 태어났다. 아버지 베냐민 프랑수아 르클레르는 지방정부에서 소금세를 걷는 하위직 공무원이었고, 어머니는 기품과 학식을 갖추어서 뷔퐁은 "어머니에게서 재산뿐만 아니라 지능까지 물려받았다"고 말하곤 했다. 1714년 외삼촌이 죽으면서 뷔퐁의 어머니에게 엄청난 유산을 남겼다. 그 돈으로 아버지는 몽바르 근교의 뷔퐁(Buffon) 마을 전체와 몽바르와 디종에서 광대한 땅을 구입하고, 자신은 디종의 시의회 의원이 되었다. 아마도 보잘것없는 출신이라는 것이 콤플렉스였던지 아버지는 평생 동안 허영심 많은 출세주의자로, 소위 '벼락부자'란 말이 그를 위해서 만들어진 양 행세했다.

당시에 신사가 자신의 위치에 걸맞게 품위를 유지하려면 대략 1년에 1만 리브르(livres) 정도가 드는데, 뷔퐁의 연 수입은 8만 리브르에 달했다. 뷔퐁은 아버지에 이어 상당한 유산을 가지고 나태하고 방탕한 생활을 할 수도 있었지만 성공적으로 재산을 잘 관리해서 부르군디 도로에 가로수로 쓸 나무를 키우는 묘목 밭을 개발하고 뷔퐁에 철 주물 공장을 세웠다. 그는 꾸준히 연구를 하며 수학과 과학 논문을 발표하여 성과를 인정받아 프랑스 과학학술원의 회원이 되어 활동하게 된다. 이런 일들 외에도 그는 대부분의 사람들에게 풀타임 직업이 요구되는

리브르(livres)
프랑스의 옛 화폐 단위

파리 왕립식물원에 세워진 뷔퐁 백작 동상

자연사(自然史) 연구에 특별한 관심을 갖게 되었다.

1739년 뷔퐁은 프랑스 과학학술원 기계학부에서 식물학부로 옮기며, 같은 해 32세 때 프랑스 왕립식물원 원장의 자리에 오른다. 그는 자연계 전체 현상을 설명하겠다는 야심찬 계획을 세우고 이를 위해선 게으른 자신의 천성을 극복해야 한다고 생각했다. 그래서 소작농을 고용해 매일 아침 5시면 그를 침대에서 끌어내어 깨어 있는지를 확인하게 하였다.

이런 각고의 노력 끝에 뷔퐁은 1749년부터 1786년까지 37년에 걸쳐 과학사에서 가장 기념비적이고 영향력 있는 책들 중의 하나인 44권짜리 대작 《자연사(Histoire Naturelle)》를 백과사전 형태로 저술한다. 그 중 마지막 8권은 뷔퐁의 사후 그가 남긴 자료를 이용하여 출판(1808년)되었다. 1772년 루이 15세는 평민 출신임에도 불구하고 그가 이룬 업적을 인정해 뷔퐁 백작(Comte de Buffon)이라는 칭호를 수여했다.

지구의 역사에 대한 비(非) 성경적 설명

뷔퐁은 지구의 역사에 대해 혁명적인 이론을 내놓아 교회의 강력한 비판을 받는다. 그는 아이작 뉴턴의 새로운 물리학 법칙을 이용해서 움직이는 물체가 지구를 어떻게 형성했는지 추측하면서 1727년 태양과 충돌한 혜성이 태양계의 행성들을 만들었다고 제안했다. 즉 혜성이 충돌할 때 태양에서 떨어져 나온 파편이 지구가 되었는데, 처음에 지구는 타는 듯이 뜨거웠지만, 용융된 암석이 점점 냉각되면서 마른 땅으로 변하고 구름이 비를 내려 바다를 형성했다는 것이다. 뷔퐁은 이러한 전체적인 과정이 7만 년 이상 걸렸다고 추정했다.

그러나 당시 대부분의 유럽인들은 성경의 내용을 바탕으로 계산한 지구의 나이가 대략 6천 년이라고 믿고 있어, 7만 년은 사실상 그들에게는 엄청나게 긴 시간이었다. 물론 현재 측정치인 45억 년에 비하면 뷔퐁의 제안도 찰나에 불과하다. 과학을 종교로부터 분리하는 계몽적 차원에서 뷔퐁의 견해는 과학계에 새로운 시대를 열었지만 이후 18세기 후반에는 신학과 과학의 직접적인 갈등으로 이어지는 계기가 된다.

18세기는 신이 우주 만물을 7일 만에 만들었다는 거의 2천 년 된 종교 교리가 지배하던 시대이다. 성경에 나오는 두 가지 교회 교리, 즉 모든 창조물은 신에 의해 서로 독립적으로 창조되었으며 신 바로 아래 가장 높은 계급을 차지하는 인간과의 계층 구조로 조직되었고 지구의 나이는 6천 년이라는 견해이다. 이런 생각을 근거로 생물학적 다양성에 대한 질문들이 설명되었다. 지구의 나이가 6천 년이라는 주장은 17세기 북아일랜드의 아르마그(Armagh)에 있는 성공회 대주교 제임스 어셔(James Ussher)가 성경에 나오는 총 세대들을 계산하고 이를 현대 역사에 더해서, 신의 창조의 날짜를 기원전 4004년 10월 23일로 정하면서 나온 것이다.

진화론의 아버지 뷔퐁과 분류학의 아버지 린네

뷔퐁이 태어나던 1707년, 스웨덴에서는 훗날 그의 최대의 라이벌이 되는 인물이 태어나는데 카롤루스 린네우스(Carolus Linnæus, 1707~1778: 작위명 칼 폰 린네)이다. 두 사람은 당대 가장 뛰어난 거인들로 서로를 경멸하는 최대의 숙적이었다. 식물학자로서 생물 분류학의 아버지라 불리는 린네는 식물의 관찰, 분류학상의 문제를 연구하다가 개화식물의 생식 부위 차이로써 식물을 체계적으로 분류하는 방법을 개발했다.

학창 시절 뷔퐁은 평범한 학생이었지만 수학에 매우 뛰어났다. 옛 날이나 지금이나 마찬가지인지, 뷔퐁의 아버지는 아들이 법학을 전공하기를 강력히 원해서, 그는 예수회 대학에 입학해 1723년부터 1726년까지 법학 공부를 하고 자격증까지 땄지만 변호사 일을 하지 않았다. 2년 후 그는 디종(Dijong)을 떠나 앙제(Angers) 대학에서 관심이 많았던 수학과 의학, 천문학을 공부하다가 학교를 그만둔다. 1730년에는 영국에서 온 10대의 젊은 킹스턴 공작 2세와 그의 가정교사와 함께 그랜드 투어를 떠난다. 그랜드 투어란 17세기 중반~19세기 초반까지 유럽, 특히 영국 상류층 자제들 사이에서 유행한 유럽 여행을 말하는데, 주로 고대 그리스 로마의 유적지와 르네상스의 본류 이탈리아, 세련된 유행의 도시 파리를 필수 코스로 꼽았다.

그들은 1년 반 동안 프랑스 남부지방과 스위스를 거쳐 이탈리아를 여행했다. 1731년 어머니가 돌아가시고 아버지가 막 재혼하려고 하자 뷔퐁은 자신의 상속이 위태로워질지도 모른다는 생각에 급히 디종으로 돌아온다. 이때가 뷔퐁 인생의 전환점이 되는데, 아버지가 1732년 12월 30일 재혼을 하고 어머니가 그에게 남겨준 몫을 포함해 가족의 전 재산을 독차지하려던 때이다. 25살의 뷔퐁은 아버지와 유산 싸움을 벌일 수밖에 없었는데, 결국 그는 자신의 몫으로 상당한 재산과 몽바르의 집과 땅 그리고 뷔퐁 마을을 얻게 된다.

뷔퐁은 자신의 본명이 친구인 킹스턴 공작에 비해 딸린다고 생각해서인지 그랜드 투어를 하는 동안 이미 자신의 이름, 조르주 루이 르클레르 뒤에 뷔퐁을 붙여서 조르주 루이 르클레르 드 뷔퐁이라고

칼 폰 린네

서명을 했다. 뷔퐁은 아버지와의 유산 다툼 이후 아버지와 다시는 말도 하지 않았고 1734년 이후부터는 르클레르라는 이름을 버리고 단순히 뷔퐁이라고 서명을 한다.

뷔퐁과 같은 해인 1707년 목사의 아들로 태어난 린네는 매우 신앙심이 깊었다. 그는 혼돈 상태인 우주를, 체계적인 틀을 가지고 분류하라고 신이 그에게 주신 거대한 박물관 소장품으로 보았다. 그는 "신이 창조하고 린네우스가 분류하였다"라고 말했다.

린네는 생물계 전체를 가족관계라는 위계질서로 배열했는데, 계(界), 문(門), 강(綱), 목(目), 과(科), 속(屬), 종(種)의 순서로 구분하여 세분화한다. 린네라는 이름을 지금까지도 유명하게 만든 일등 공신이란 그가 창시한 이명법(binomial nomenclature, 二名法)이다. 이명법은 종(種: Species)의 학명(學名)을 붙이는 경우 언어는 라틴어를 써서 '속'의 이름 다음에 '종'의 이름을 써서 나타내는 방법이다. 좀 더 자세히는 속명(屬: Genus), 종소명(種: Species), 명명자, 명명 년도로 구성된다.

다윈의 '생명의 나무'와는 달리 린네의 체계는 다른 종들이 진화를 통해 서로 연관되어 있지 않고, 각 종은 별개의 '원형'으로 신의 의도를 반영하고 있다. 그는 종들의 불변의 삶의 질서를 자신이 잘 드러내고 있다고 믿고 있었기 때문에 자연의 변화를 분석한다거나 설명하지 않았다.

1740년대 중반, 뷔퐁은 자연의 무질서한 세계에 대한 인위적인 린네의 분류학적 접근을 강력히 비난하면서 "신이 딱정벌레의 날개가 접히는 방식 때문에 매우 바빴다고 상상하는 것은 터무니없는 생각"이라고 첫 번째 강타를 날렸다. 여러 면에서 생각이 깊었던 그는 천지창조라는 아이디어에 의문을 가지며 린네의 분류 체계를 마치 우표수집처럼 정보를 수집해 놓은 그저 지루한 목록에 불과하다고 생각했다.

뷔퐁은 자연적 관계, 지리적 분포 그리고 역사적 변화를 이해하려는 자신의 시도 밑에 분류 역할을 두었고 현실적인 관점에서 자연에서 좀 더 광범위한 주제를 탐구했다. 그는 종들은 번식하고 시간이 지남에 따라 변하는 동물 집단이라고 믿었으며, 환경학과 생태학 같은 과학을 예측하면서 생물의 서식지와 행동에 더 관심이 있었다.

생물 다양성에 대한 린네와 뷔퐁의 가설

린네의 패러다이스 산(Paradisiacal Mountain) 가설

린네는 성경의 창세기에 나오는 창조와 홍수 이야기를 사실로 믿어 모든 생명체가 '패러다이스 산'의 경사면을 따라 창조되었으며 모든 살아 있는 유기체들은 오늘날 존재하는 것처럼 똑같이 만들어졌다고 주장했다. 그에게 종(種)들은 창조될 때 그대로 남아 있는 고정된 실체였다. 그는 섬에서 물이 빠지자 동물들은 산을 떠나 현재의 위치로 이동하였으며 이 과정은 노아의 홍수 뒤에 터키 북동부의 아라라트 산(Ararat Mountain)에서도 되풀이되었다는 가설을 세웠다.

린네는 비록 그 시대의 저명한 과학자였지만 '패러다이스 산에 대

린네의 패러다이스 산 가설

한 가설'은 여전히 반대에 직면한다. 즉 펭귄과 같은 동물들이 북극의 집에 도달하기 위해서 어떻게 사막을 가로질러 여행하며 살아남을 수 있는가? 그리고 낙타들은 특정 사막에만 있고 왜 다른 사막에는 없는가? 등등.

뷔퐁의 북극지방 가설

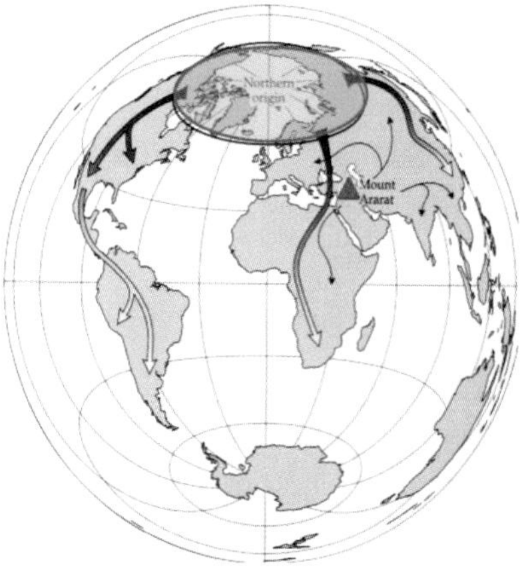

뷔퐁의 법칙

뷔퐁은 린네의 패러다이스 산 가설을 거부하고 신은 온난기 동안 북극 근처에서 모든 동물들을 창조하였으며 거기서 동물들은 지구의 남쪽으로 이동하였는데, 종(種)들은 변화하고 새로운 환경에 적응한다고 가정했다. 즉 개량된 생물 종은 살아남고 퇴화된 종은 사라진다는 것이다. 또한 환경적으로 유사하지만 분리된 지역은 유기체의 종류나 집합이 다르다고 주장하였는데, 이를 '뷔퐁의 법칙'이라 하며 생물지리학의 원리가 되었다. 예를 들면 남극과 북극은 비슷한 기후를 갖지만 북극에는 펭귄이 없다. 그는 진화론적 생물학자는 아니었지만 진화론의 아버지였다.

지질학적 역사, 태양계의 기원, 생물학적 분류, 인간과 원숭이의 공통 조상의 가능성, 그리고 잃어버린 종의 개념에 관한 뷔퐁의 아이디어는 종교적 정통성에 대한 도전으로 여겨졌다. 정통 교리로부터의 그러한 이탈은 종교 당국을 화나게 하여 그들은 뷔퐁에게 '비난받아 마땅한 진술들' 목록 14가지를 제시했다. 뷔퐁은 성경에 대한 그의 신앙을 고백하는 선언문에 충실히 서명했는데, "목 매달리는 것보다는 굴욕이 낫기 때문"이었다. 그러나 그는 자신의 '비난받을 만한 진술들'을 번복하지 않고 고수했다.

생물철학 연구학자 티에리 오케(Thierry Hoquet)는 뷔퐁이 과학사에서 다음과 같은 네 가지 중요한 사상을 제시했다고 보았다.

1) 지질 시대에 대한 이해

2) 생물학적 용어에 대한 종의 정의

3) 종 형성에 있어서의 서식지의 역할

4) 종은 시간이 지남에 따라 변형될 수 있다는 신념

뷔퐁의 목표는 동물에 관한 특별한 관찰을 자연계에 대한 일반적인 이론에 포함시키는 것이었고, 그 때문에 그는 '프랑스의 플리니우스와 아리스토텔레스'라는 명성을 얻었다.

한편 린네는 생전에 이미 권위를 지닌 기관 그 자체가 되었다. 세계 도처의 박물학자들은 자신들이 수집한 견본이 정말 신종인지 결정하려면 린네에게 직접 물어보든가 또는 최소한 그의 저술을 참고해야 했다. 그가 1751년 출간한 《식물학(Philosophia Botanica)》에서 제시한 명명법의 규칙은 '우선권의 법칙(law of Priority)'이다. 이 규칙은 "종(種, species)이나 속(屬, genus)의 이름을 정할 때 처음 게재된 이름이 이후 제안된 다른 이름보다 우선한다"는 것을 의미한다.

스스로에 대한 지나친 환상에 사로잡힌 허영심 많은 인물인 린네는 해외에서 자신이 뉴턴, 라이프니츠, 갈릴레오와 비교된다면서 "말해 보시오. 이 정도의 업적을 이룬 사람이 누가 또 있는가?"라고 말한다. 그러나 뷔퐁은 린네의 분류법이 불합리하다고 생각하여 그의 종(種)의 분류법에 대해 신랄하게 비판했다.

쌍방의 자존심이 걸린 문제인만큼, 스웨덴의 '뉴턴이고 갈릴레오'인 린네와의 충돌은 불가피했다. 린네는 뷔퐁을 '몇 번의 관찰'과 '화려하게 장식된 프랑스어'를 가지고 말하는 '모든 방법의 증오자'라고 일축하면서 언제나 린네를 반대하는 글을 쓰는, 뷔퐁이라는 이름의 프랑스인은 신의 진노를 겪게 될 것이라고 예언했다.

숙적인 상대방에게 정말 오랜 시간 영원히 모욕감을 주고 싶다면 가장 좋은 방법은 무엇일까? 만일 당신이 새롭게 속이나 종을 명명할 수 있는 행운을 가진 과학자라면, 생물학적 명명법에 당신의 모욕을 집어넣는 교묘한 방법이 있다. 바로 린네가 세계의 가장 저명한 분류학자라는 권한을 이용해 자신이 싫어하는 사람들을 모욕하거나 또는 좋아하는 사람들을 명예롭게 했다. 가령 그 누가 바퀴벌레나 혐오스런 곤충의 학명에 자기 이름을 붙이고 싶어할 것인가? 린네는 라이벌 분류학자인 뷔퐁을 모욕하기 위해 잡초 속(屬)을 그의 이름을 따서 부포니아(Buffonia)로 명명했다.

결과적으로 두 라이벌의 대결은 린네의 승리로 결정났다. 뷔퐁이 단순한 우표 수집에 지나지 않는다고 공격한 린네는 오늘날에도 그 이름이 널리 알려져 있는 반면 뷔퐁은 다윈에 앞선 진화론의 선구자임에도 불구하고 오늘날 그의 이름은 거의 잊히고 말았다.

프랑카로(Franc-Carreau) 게임과 뷔퐁의 바늘(Buffon's needle)

뷔퐁은 미적분학을 확률 이론에 도입하여 수학 분야에서 먼저 두각을 나타냈다. 그는 1733년 26살 때, 프랑스 과학학술원에서 프랑카로 게임의 문제에 대한 해법을 제시하는데, 정방형 모양으로 구획된 바닥에 동전을 던졌을 때 몇 개의 선 위에 놓이게 될지를 추측하는 게임이다.

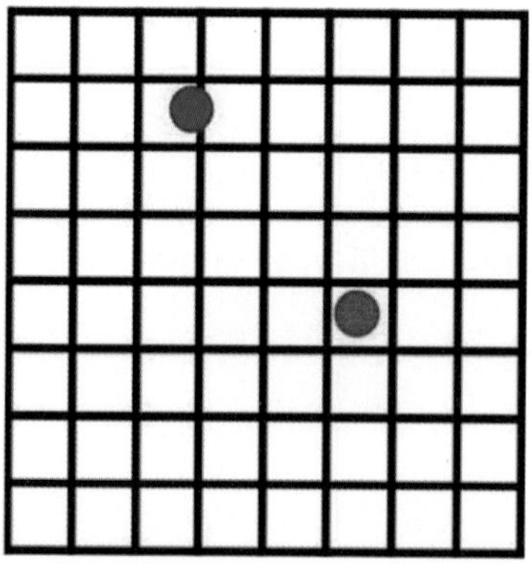
프랑카로 게임

당시 대중들이 즐겨하던 이 게임의 원리를 간단히 설명하면 다음과 같다. 똑같은 네모난 타일이 차 있는 방에서 금화 또는 은화를 던진다고 해보자. 동전을 공중에 던지면 그림에서 보는 것처럼 한 개의 사각형 타일 안에 떨어질 확률은 얼마이며, 공정하게 50%의 이길 확률을 보장하기 위해서는 동전의 크기가 어느 정도가 되어야 하는가?

타일이 정사각형이라고 가정하고 정사각형 안에 그 동전의 반지름 만큼 경계에서 떨어진 곳에 선을 긋는다. 항상 동전의 중심이 선을 그어서 만들어진 정사각형 안이나 경계에 떨어진다면 그 동전은 타일 한 개 위에 있을 것이고, 동전의 중심이 그 밖에 있다면 타일 한 개 위에 떨어지지 않을 것이다. 여기서 증명을 하지 않고 결론만 말한다면 만약 동전 반지름이 사각형의 7분의 1 정도가 되면, 이길 확률은 대략 50% 정도가 된다. 그러나 많은 박람회장에서 이 게임을 할 때는 동전이나 토큰이 이보다 훨씬 크다. 즉 이길 확률이 줄어드는 것이다. 프랑카로 문제의 중요성은 기하학을 확률 계산에 응용한 데 있다.

'뷔퐁의 바늘'은 확률 분야에서 가장 유명한 문제 중 하나로 그의 이름을 따서 붙여졌다. 바늘 문제는 1733년 뷔퐁이 처음 제시한 것으로, 바닥에 간격이 일정한 평행한 선들이 있다고 하고, 여기에 길이가 같은 바늘을 떨어뜨렸을 때, 평행선 위에 바늘이 걸쳐질 확률은 얼마인가를 묻는 문제이다.

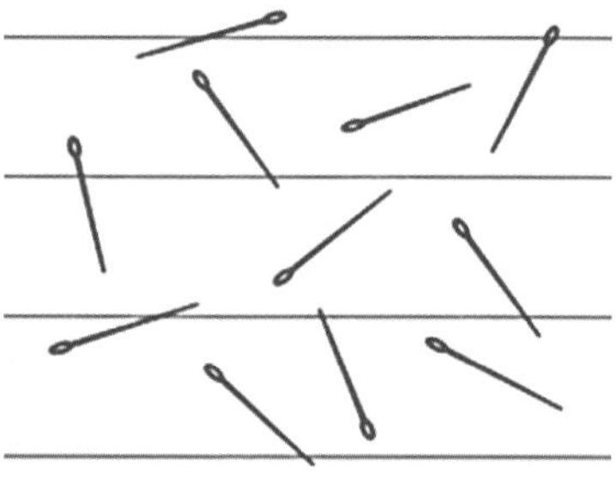
뷔퐁의 바늘

이 문제에 대한 답은 기하학적인 확률 문제로 적분을 이용해 풀 수 있으며, 1777년 뷔퐁 자신에 의해 풀렸다. '뷔퐁의 바늘'은 최초의 기하확률론 문제이다. 바늘의 길이가 널판의 너비보다 크지 않을 때, 몬테카를로 방법을 사용하면 원주율의 근사값을 구할 수 있다.

자연사(Histoire Naturelle)

뷔퐁은 전 44권에 이르는 《자연사(1749~1804)》를 저술했는데, 과학자들이 아닌 자연철학에 관심있는 일반인으로 대상을 삼았다. 삽화를 많이 넣고, 화려하고 유려한 문체로 쓴 이 책은 엄청난 성공을 거두어, 유럽의 모든 지식인들이 읽는 베스트셀러가 되었다. 뷔퐁의 책은 박물학 분야에 대한 대중의 관심을 이끌었을 뿐만 아니라 대중에게 박물학이라는 새로운 전문 직업의 길을 열어주었으며, '박물학의 대중화'를 일으켰다.

그는 자연과 인간의 관계를 신 대신 인간을 중심으로 하여 설명할 뿐 아니라 지구와 생명과 인간의 역사를 설파했다. 진화생물학자인 에른스트 마이어(Ernst Mayr)는 "뷔퐁은 18세기 후반의 자연사에 대한 모든 사상의 아버지"라고 했다.

《자연사》 중 제5권으로 출판된 《자연의 신기원》이 가장 유명한 책이다. 이 책에서 뷔퐁은 태양계의 유래에 대해 논의하고, 행성들은 혜성과 태양의 충돌로 인해 생성되었다고 가정하고 지구는 기원전

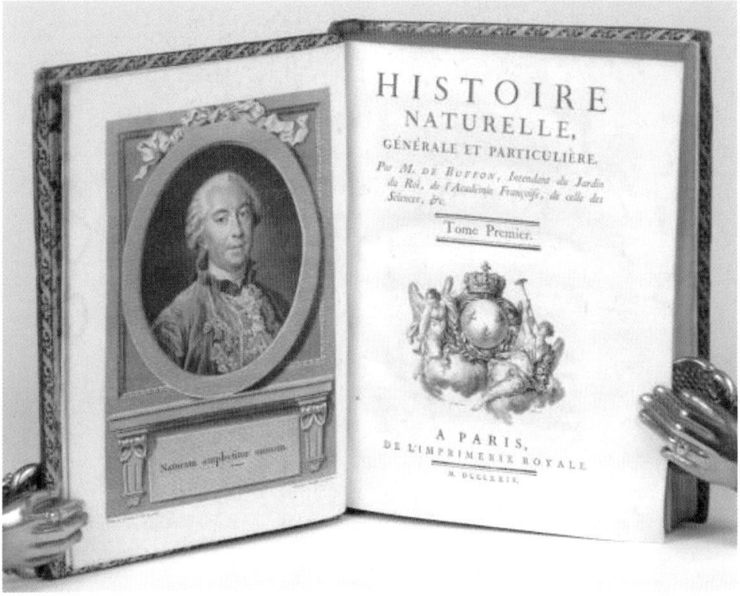

뷔퐁의 역작《자연사》

4004년보다 훨씬 일찍 만들어졌다고 주장했다. 그리고 지질학의 역사를 시기별로 재구성했으며, 멸종된 종(種)에 대한 개념을 정리하여 고생물학 발전의 토대를 마련했다.

뷔퐁은 자신의 주철 공장에서 실험을 하며 철이 식는 속도에 기초해 지구의 나이를 계산한 결과, 지구의 나이가 7만 5천 년이라는 결과를 얻었다. 비록 오늘날 추정하는 지구 나이 45억 년에 비하면 터무니없이 짧지만, 성경에 의해서가 아니라 과학적 실험에 의해서 지구 나이를 계산하려 시도한 것 자체만으로도 중요한 의의가 있다. 1734년 뷔퐁은 프랑스 과학학술원 회원이 된다.

같은 해에 태어나 같은 시대를 살며 서로 혹독히 비판하며 경쟁했던 뷔퐁과 린네. 오늘날 린네는 '분류학의 창시자'라는 이름을 얻었지만 뷔퐁은 엄청난 저술과 연구 업적에도 불구하고 대중에게 이름이 덜 알려졌음을 보면, 학자에게도 운이 따라야 한다는 생각을 해본다.

CHAPTER 2

과학계의 유명 가족 과학자들

06

비극을 기적으로 바꾼 로블링 가족의 집념

- 브루클린 다리의 건설

산업혁명 이후 세계 산업계의 7대 불가사의 중 하나로 꼽히는 웅장한 브루클린 다리(Brooklyn Bridge)는 맨해튼 섬 남단에서 이스트 강을 가로질러 뉴욕시의 브루클린을 연결하는 다리로 길이가 1825미터에 이른다. 1869년 착공하여 14년 후인 1883년에 완공되었는데 수면 위 높이만 84미터에 달하는 두 개의 거대한 주탑에 4개의 주케이블들이 연결되어 있다. 26미터 너비의 상판을 주케이블에 이어진 보조케이블이 지지하는 현수교로, 이 부분의 길이가 개통 당시 세계에서 가장 긴 497미터였다.

브루클린 다리는 5434개의 강철 선(steel wire)을 꼬아 만든 케이블과 교각 공사에 목재 공기잠함공법(pneumatic caisson method)을 사용하여 근대의 교량, 특히 현수교 건설에 새로운 기술 분야를 개척한 것으로 유명하다. 그런데 19세기의 이 기념비적인 다리를 완

브루클린 다리

공하기까지 설계·건설 책임자인 건축가 로블링 일가는 그야말로 파란만장한 삶을 살았다. 존 로블링(John Roebling, 1806~1869)과 아들 워싱턴(Washington Roebling), 며느리 에밀리(Emily Warren Roebling)는 다리가 이스트 강 속으로 붕괴될 것이라는 회의론자들의 끊임없는 비난과 강선 계약업자들의 사기, 연이은 각종 사건 사고들로 그야말로 고난과 비극의 연속을 견뎌야 했다.

브루클린 다리를 10여 년에 걸쳐 구상하고 설계한 현수교의 선구자 존 로블링은 염원이던 교량 공사를 착공하던 해인 1869년 여름, 불의의 사고로 사망한다. 아버지의 뒤를 이어 젊은 나이에 책임 엔지니어가 된 워싱턴 로블링마저 3년 후인 1872년 교각 기초공사 단계에서 잠수병(케이슨병)에 걸려 몸이 거의 마비가 되어 누워 지내게 된다. 그 후 10년이란 긴 세월 동안 에밀리 로블링은 시아버지와 남편의 꿈을 실현하려는 끈질긴 집념과 뛰어난 지적 능력으로 절망과 맞섰다. 여성은 남성의 갈비뼈 정도로만 취급되던 19세기에 그녀는 남편을 대신하여 '최초의 현장 여성 엔지니어'로 일하며, 마침내 완공된 브루클린 다리에 로블링 부자와 함께 영원히 이름을 남기는 역사적인 공헌을 한다.

선구자 존 로블링의 황당한 죽음

폭발적으로 성장하는 뉴욕과 브루클린 두 도시 사이를 연결하는 교량의 필요성은 오래 전부터 제기되어 왔다. 그러나 이스트 강은 이름과는 달리 실제로는 물살이 센 하구(河口)인 데다, 수로의 폭이 넓어 교량을 건설하는 것이 모두들 불가능하다고 생각했다. 게다가 문제를 더욱 어렵게 만드는 것은 이스트 강이 가장 번잡한 수로 중의 하나여서 수백 척의 배들이 수시로 왕래하고 있다는 점이다. 따라서 배들이 방해받지 않고 다리 밑을 지나가는 유일한 실용적인 해결책이란 강 중간에 교각이 없는 높은 현수교를 건설하는 것이다.

브루클린 다리를 설계한 존 로블링은 1831년 25살에 미국에 온 교육을 잘 받은 독일 출신의 이민자이다. 그는 현대 현수교 기술의 핵심인 '현장에서의 강철 밧줄 꼬기(in-situ spinning of wire rope)'로 1840년 특허를 받았다. 이 특허로 로블링은 1850~1860년대에 피츠버그의 알레게니 강(Allegheny River, 1860년 완공)과 신시내티의 오하이오 강(1867년 완공)을 비롯해 네 곳에 현수교를 건설하여

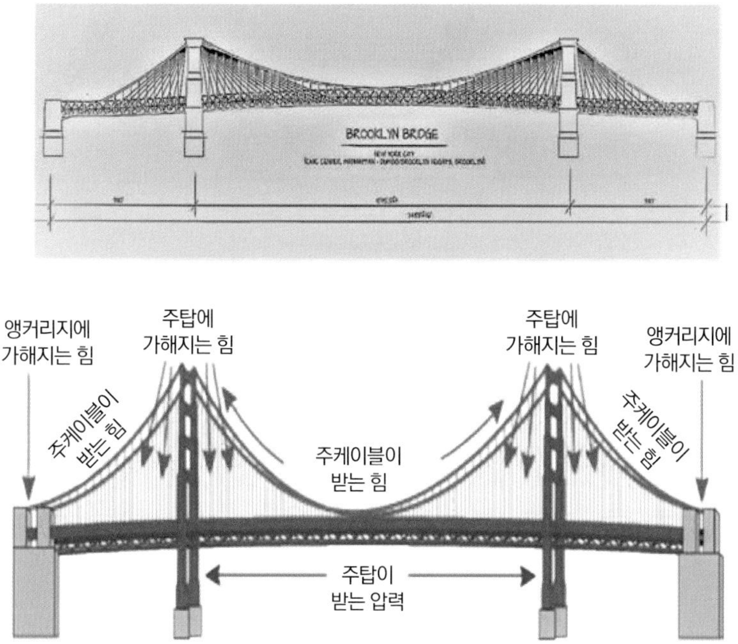

브루클린 다리의 구조

미국에서 가장 유명한 교량 건설자로 이름을 알렸다.

워싱턴 로블링의 비극과 두 개의 거대한 잠함(cassions)

사망한 아버지에 이어 브루클린 다리 건설을 감독하게 된 워싱턴 로블링(Washington Roebling, 1837~1926)의 첫 번째 임무는 두 개의 주탑을 만드는 것이었다. 브루클린 쪽은 수심 13미터 아래에 있는 암반 위에 교각을 구축할 수 있지만, 맨해튼 쪽은 수심 24미

잠함

터 아래에 암반이 있어 그 점이 우려되었다. 일찍이 그런 깊이에 교량을 건설한 적이 없기 때문이다. 워싱턴은 공기 잠함(pneumatic caisson) 공법을 써서 1870년 3월, 교각의 기초를 구축할 장소로 거대한 잠함을 가져가 이스트 강 밑에 가라앉혔다.

위 그림에서 보는 것처럼 목재 잠함(caisson, 지상에서 만든 구조물을 지하에 굴착하여 설치하는 것)은 뚜껑이 없는 나무 상자를 거꾸로 뒤집어 놓은 것과 같은 형태로, 크기는 자그마치 가로 52.4미터, 세로 31미터, 높이는 6.55미터(브루클린 쪽 잠함)와 9.6미터(맨해튼 쪽 잠함)에 달한다. 잠함을 점점 아래쪽으로 내려 보내는 힘은 위에서 동시에 건설되고 있는 엄청난 크기의 석회암과 화강암 기둥의 무게였다.

잠함 하부 공간에서의 작업은 위험하다

한편 공기잠함공법이란 잠함 하부의 작업실에 고압 공기를 보내 주변으로부터 강물의 유입을 방지하면서 하부 지반의 굴착을 진행하는 방식이다. 잠함 자체의 무게로 내려 보내어 침하하면 함체 상부에 콘크리트 구조물을 연결하여 일정한 깊이까지 침하시키고, 마지막으로 작업 공간에 콘크리트를 채워 기초를 완성시키는 공법이다.

지금 같으면 잠함 하부 작업 공간에 로봇을 쓸 수 있겠지만 당시에는 노동자들이 엄청난 위험에 노출된 극한 상황에서 진흙과 바위들을 파내야 했다. 테니스 코트 4개보다 더 큰 작업 공간에서 램프

불빛에 의지하여(전기가 발명되기 전이다) 100명 이상의 노동자들이 진흙과 때로는 3미터나 되는 돌덩어리를 파내야 했다. 작업은 고통스러울 정도로 느려 잠함은 일주일에 겨우 15센티미터 이하로 내려갔다. 속도를 높이기 위해 로블링은 바위를 깨는 데 위험한 다이너마이트를 사용했더니 진행 속도가 일주일에 46센티미터로 빨라졌다.

위태로운 작업이 진행되는 동안 화재를 포함해 여러 건의 대형사고가 발생하고, 수많은 노동자들이 잠수병으로 고생을 했다. 당시는 잠수병에 대해서 알려진 것이 없어 케이슨병(caisson disease)이라고 불렀는데, 오늘날 '다이버들의 잠수병'과 같다. 잠수병이란 고압에서 체내에 녹아 있던 질소가 몸 주변의 압력이 급격히 저하할 경우 갑작스럽게 기포를 만들면서 혈액 속을 돌아다니게 되고 이것이 체내에서 극심한 통증을 유발하게 되는 병이다.

잠함의 작업 공간 내에서의 최대 압력은 1.58바(bar)이고 수면 위로 빠르게 올라오게 되면 압력은 1.01바로 급속한 감압이 일어나 수백 명의 작업자들이 잠수병에 걸려 관절통, 근육통, 호흡곤란, 어지러움이나 난청과 같은 전정기관 이상, 하지 마비 등의 엄청난 고통에 시달렸다. 공사 기간 동안 인부들도 잠수병으로 최소한 5명이 사망했다.

불행은 여기서 그치지 않았다. 1870년 12월, 브루클린 잠함에 큰 화재가 나서 이를 진화하며 진두지휘하던 워싱턴 로블링은 사력을 다해 불은 껐지만 자신도 잠수병에 걸리는 비운을 맞았다. 아내 에밀리의 극진한 간호로 목숨은 건졌지만, 2년 후 그는 맨해튼 잠함 작업 중 두 번째 잠수병으로 사지가 거의 마비되었다. 그 후 워싱턴 로블링은 수십 년을 병상에 누워 지내게 된다. 난청에다 말도 못 하고 오직 에밀리와만 의사소통이 가능했다. 그러니 앞으로 누가 이 기념비적인 다리 건설을 맡아 주도해 나갈 것인가? 하는 과제가 남게 되었다.

어쩌다 엔지니어 에밀리 로블링, 브루클린 다리를 완공하다!

그러나 진정한 인간승리 스토리는 지금부터 시작된다. 로블링 부부는 절망적인 상황에서 10년 동안 다리의 완성을 위해 승패를 무시하고 끝까지 싸운다. 세계 최초의 강선 현수교를 완성하기 위해 에밀리 로블링(Emille Warren Roebling, 1843~1903)은 남편을 대신해 뛰어들었다. 병상의 남편, 시 공무원, 노동자들을 관리하고 연락하며 정치적인 일에 개입하며 '최초의 여성 현장 엔지니어'로 일했다. 워싱턴은 "나는 내가 굴복할 것이라고 생각했지만, 무한한 재치와 가장 지혜로운 조언을 하는 기댈 수 있는 튼튼한 기둥, 아내 에밀리가 있었다"고 말한다.

에밀리는 남편이 말하는 모든 메시지를 현장 엔지니어들과 노동자들에게 전달하고 감독함으로써 워싱턴 로블링이 다리 건설을 지휘하도록 손발이 되어주었다. 그녀 자신도 과학에 대한 기초적인 지식과 이해를 가지고 있지만, 다리 완공을 감독하는 중대한 도전을 하기에는 불충분하다고 생각했다. 놀라울 정도의 집중력으로 그녀는 재료의 강도, 케이블 분석과 시공, 그리고 현수 곡선 이론 등을 계산하면서 복잡한 수학과 공학에 대한 공부를 시작했다. 워싱턴 본인은 브루클린에 있는 자신의 집에서 망원경으로 공사 현장을 지켜보며 멀리서 감독했다.

1881년 공사 현장을 방문한 회사의 대표단은 브루클린 주탑의 갑판 근처까지 올라갔을 때 에밀리 로블링의 안내를 받고 깜짝 놀랐다. 에밀리는 높은 주탑들 사이의 좁은 나무 통로를 건너면서도 조금도 흔들림 없이 대표단에게 다리 건축의 기술적 설명을 했다. 이러한 사건들로 에밀리 로블링의 역할에 대한 의문이 제기되기 시작한 것은 놀라운 일이 아니었다. 신문들은 왜 책임 엔지니어인 워싱턴이 대중 앞에 나타나지 않는지를 의심하며 "로블링은 아픈가? 죽었는가? 에밀리가 그동안 책임 엔지니어로 활동했는가?"라고 물었다. 많은 부정적인 억측들이 난무했지만, 많은 엔지니어들이 워싱턴과 에밀리 로블링을 방어하며 나섰다. 결국 회사는 1882년 10대 7의 근소한 표차로 워싱턴을 책임 엔지니어로 남아 있도록 의결했다.

여성의 희생적 헌신에 대한 영원한 기념비

1883년 5월 24일 엔지니어링의 승리를 축하하는 열광적인 의식

브루클린 다리의 개통식

에밀리 로블링

속에 브루클린 다리가 공식적으로 개통했다. 건설 노동자들이 모자를 들어 환호성을 지르자, 승리의 상징인 수탉을 안은 채 덮개 없는 마차를 타고 첫 번째로 새 브루클린 다리를 건넌 사람은 39살의 에밀리 로블링이었다. 아서(Chester A. Arthur) 대통령과 뉴욕 주지사 그로버 클리블랜드(Grover Cleveland)는 행진하는 악대를 대동하고 맨해튼 쪽에서 건너왔다.

워싱턴 로블링의 오랜 경쟁자인 아브람 휴이트(Abram Hewitt)는 에밀리에 대해 "브루클린 다리야말로 여성의 자기희생적 헌신과 너무 오랫동안 금지된 고등교육에 대한 여성의 역량을 보여주는 영원한 기념비"라는 찬사를 보냈다.

오늘날 다리 위에는 세 명의 로블링 모두를 기리는 명판이 새겨져 있는데 '우리는 모든 위대한 업적 뒤에는 여성의 자기희생적인 헌신이 있음을 발견한다'라고 쓰여 있다.

브루클린 다리 건설에는 14년이 걸렸고 600여 명의 근로자가 참여했으며 1500만 달러(현재 시세로 3억 2천만 달러 이상)의 공사비가 소요되었다. 원래 다리의 설계자 존 로블링을 포함해 27명이 공사 도중 사망했다.

07

퀴리 가의 모전여전

– 마리와 이렌, 대를 이은 노벨상

마리 퀴리(Marie Curie)는 경제적으로 어려운 환경, 폴란드인, 그리고 여성이어서 남성 주도의 과학계에서 철저한 아웃사이더였다. 그럼에도 불구하고 열린 사고, 끈기, 도전으로 사회적 인습과 장벽을 뛰어넘어 세계 최초로 노벨상을 두 번이나 그것도 서로 다른 분야인 물리와 화학에서 수상했다. 그뿐 아니라 파리 대학의 최초의 여성 교수이며, 파리의 국가 영묘(靈廟) 판테온에 묻힌 최초의 여성으로 수많은 젊은이들의 롤 모델이 되고 있다.

그런데 부모가 노벨 수상자에다 최초라는 단어가 항상 수식어로 따라다니는 퀴리 부인의 자녀들은 자신들의 일거수일투족이 대중과 미디어의 뜨거운 관심과 기대로 엄청난 스트레스를 받으면서 자랐을 것 같다. 그럼에도 불구하고 퀴리 부인의 딸 이렌(Irene)은 어머니의 발자취를 따라 남편 프레데릭 졸리오-퀴리(Frédéric Joliot-Curie)

퀴리 일가: 피에르, 마리, 이렌, 프레데릭 4명 모두 노벨상을 탔다

와 함께 부부가 노벨 화학상을 수상한다. 퀴리가(家)는 2대에 걸쳐 부부가 모두 노벨상을 수상하는 전무후무한 기록을 세웠다.

마리 퀴리는 강연, 학회 참석과 연구에 전념하느라 어머니로서의 일상생활이란 상상하기조차 어려워 다른 사람에게 자녀교육을 맡겨야만 했다. 부모가 많은 보살핌과 관심을 쏟아부어도 "무자식이 상팔자", "자식 농사는 마음대로 되지 않는다"라는 말이 있는데, 마리 퀴리는 어떻게 두 딸, 이렌과 이브(Eve)를 훌륭하게 키워냈을까.

첫째 딸 이렌 퀴리의 출생

마리 퀴리는 1867년 폴란드의 바르샤바에서 다섯 남매 중 막내

이브(왼쪽)와 이렌

로 태어났다. 어린 시절 그녀의 이름은 마냐 스클로도프스카(Manya Sklodowska)였다. 당시 폴란드는 러시아의 지배를 받고 있어 폴란드 말도 쓰지 못하게 하는 등 박해를 받았다. 마냐는 김나지움을 1등으로 졸업했지만 여자를 받아주는 대학이 없어 파리로 떠날 결심을 하고 언니 브로냐를 설득한다. 브로냐가 먼저 파리로 가서 자리를 잡아 초청한다는 계획이었다. 의사 자격시험에 합격하고 결혼까지 한 브로냐는 마냐를 초청해 5년 만에 약속을 지켰다.

1891년 마냐는 파리 대학에 입학 허가를 받았는데 이때 이름을 프랑스식 마리(Marie)로 바꾸었다. 1895년 마리는 이미 유명 과학자였던 8살 연상의 피에르 퀴리(Pierre Curie)와 결혼해 프랑스 국적을 취득하고 남편과 공동으로 연구 생활을 시작한다. 2년 후인 1897년 9월 12일 파리에서 첫째 딸 이렌 퀴리가 태어났다. 여성을 차별하는

외젠 퀴리, 이렌, 마리 퀴리 부부

사회적 구조에 저항하여 여성들도 모든 것을 완벽히 할 수 있다는 것을 실증한 마리를 어머니로 둔 이렌은 장차 유명한 과학자가 되도록 운명지어졌는지도 모르겠다.

마리와 피에르는 피치블렌드 안에 있는 여러 광물들을 화학적으로 반복해 분리해서, 1898년 7월과 12월 각각 새로운 원소 폴로늄(polonium)과 라듐(Radium)의 존재를 발견한다. 1903년 그 업적으로 퀴리 부부는 베크렐과 함께 노벨 물리학상을 받았다. 이듬해에는 이렌과 7살 터울로 둘째 딸 이브가 태어난다. 마리가 실험실에서 1톤의 광물로부터 0.1그램의 라듐염을 분리하기 위해 육체적으로 엄청 고된 작업을 하고 있는 동안, 시아버지 외젠 퀴리(Eugene Curie)가 집안 살림을 관리하고 이렌과 이브를 돌봐주었다.

의사였던 쾌활하고 박식한 할아버지가 이렌에게는 사실상의 부모였다. 이렌은 "나의 정신적 기반은 할아버지로부터 매우 많은 영향을 받았으며, 정치 및 종교 문제에 대한 생각도 할아버지로부터 온 것이 많다"고 말한다.

피에르 퀴리의 죽음

1906년 4월, 피에르 퀴리가 빗속에서 길을 건너다 마차 사고로 47세의 나이로 사망하는 불행이 닥쳐왔다. 마리 퀴리는 아홉 살 이렌과 두 살의 이브를 데리고 39세의 젊은 나이에 혼자가 되었다. 그녀는 크나큰 충격과 비탄에 빠져 "나는 삶을 참고 견딜 뿐이지 결코 즐길 수 없을 것이다"라고 절망한다.

마리는 자신의 딸들 특히 9살 난 이렌의 상실감과 슬픔을 알지 못한 채 자신의 비통함을 잊으려는 듯 광물에서 라듐을 분리하는 실험에 더욱 몰두했다. 막노동에 가까운 실험으로 그녀는 육체적으로 고된 시간을 보냈다. 마리의 친구도 "마리는 세상에서 죽은 상태로 있었어요. 그녀는 슬픔의 벽 속에 갇혀 있는 과학자였지요"라고 말한다. 할아버지가 좋은 친구가 되어주지 않았다면, 이렌은 황량한 시기를 혼자서 견뎌내야만 했을 터였다.

4년 후인 1910년, 이렌의 정신적 지주였던 할아버지 외젠 퀴리마저 사망하자 이번에도 가장 큰 고통을 받았을 이렌의 상실감을 마리는 미처 알아차리지 못했다. 마리는 어쩔 수 없이 가정교사의 도움으로 딸들을 키웠는데, 둘째 딸 이브는 어릴 때 어머니의 충분한 보살핌이 부족하여 힘들었다고 훗날 고백한다.

그러나 마리는 딸에 대한 교육을 무엇보다 중요하게 생각했다. 이렌은 어릴 적부터 수학에 상당한 재능을 보였지만 정규학교에서의 교육과정이 여학생들에게는 제한적이어서 마리는 이를 야만이라고 생각했다.

이렌이 초등학교를 졸업하자 마리는 어린 자녀를 둔 소르본 대학의 저명한 교수들과 '협동 홈스쿨링'을 만들었다. 그녀의 두 딸 이렌과 이브를 포함해 여섯 명의 교수 가정에서 모두 9명의 어린이들이 홈스쿨링에 참여했으며, 교수들이 일주일씩 교대로 담당 과목들을 가르쳤다. 아이들은 교수의 전공에 따라 문학, 미술, 조각, 수학, 과학, 영어, 독일어를 배웠으며, 프랑스의 저명한 물리학자인 폴 랑주뱅(Paul Langevin)은 수학을, 장 페렝(Jean Perrin, 노벨 화학상 수상)은 화학을 가르쳤다. 마리 퀴리는 목요일 오후 소르본 대학의 빈 강의실에서 물리학의 기초 과정을 가르쳤다.

마리는 두 딸이 체력을 유지하도록 수영, 스케이트, 등산, 승마, 자전거를 비롯한 다양한 신체 활동 기회를 충분히 주었다. 저명 교수들과 시작한 협동 홈스쿨링은 많은 업무에 시달린 교수들이 포기를 하면서 2년 만에 끝이 났다. 그런 시도는 이렌과 같은 영재에게는 축복이었지만, 평범한 어린 학생들이나 교수들 양쪽 모두에게 시간 낭비에 스트레스만 받는 일이었기 때문이다. 이렌은 1912년부터 1914년까지 좀 더 정통적인 학습 환경에 다시 들어가 파리 중심부에 있는 세비네(Sévigné) 고등학교를 다녔다.

어린 시절이 없는 애어른 같은 이렌

피에르의 갑작스런 죽음으로 마리 퀴리는 남편을 닮아 진지하고 침착한 이렌이 그의 빈자리를 채워주기를 기대했다. 마리의 기대대로 세월이 갈수록 이렌은 아버지의 역할을 대신해 어머니의 말 상대 겸 공동 연구자가 되어갔는데, 이에 따라 어린 시절이 없는 청소년기를 보냈다.

13살의 이렌은 어머니가 일과 여행, 강연 외에는 아무도 만나지 않은 채 우울증에 빠져 있는 동안 혼자 여행을 다니거나 어머니의 가까운 친구들과 함께 오랜 시간을 보냈다. 그러나 마리는 딸에 대한 교육에 유독 엄격해서 오랫동안 떨어져 있을 때는 이렌에게 수학 문제를 우편으로 보낼 정도였다.

피에르가 사망한 지 4년 후인 1910년 봄, 마리 퀴리는 평소의 검정색 대신 흰 옷을 입고 친구들의 집에 나타났다. 마리에게 변화가 생긴 것은 동료 과학자인 폴 랑제방과 사귄다는 말이 돌더니 1911년 여름 마리 퀴리와 랑제방이 연인 관계라는 소문이 퍼지기 시작할 무렵이었다. 그런데 문제는 랑제방이 유부남이란 사실이다. 그들은 소르본 근처에 작은 아파트를 임대해 함께 지냈으며, 떨어져 있을 때는 서로 편지를 주고받았다. 비록 마리의 딸 이브는 나이가 너무 어려서 무슨 일이 일어나고 있는지 이해할 수 없었지만, 14살의 이렌에게 이 불륜 드라마는 큰 상처를 주었다. 마리가 여름 동안 두 딸을 폴란드로 보낸 어느 날 저녁, 거리에서 마리 퀴리와 딱 마주친 랑제방 부인은 남편과의 관계를 끝내지 않으면 죽여 버리겠다고 경고를 했다.

1911년 가을, 마리 퀴리와 랑제방 그리고 다른 22명의 세계 최고의 물리학자들이 벨기에 브뤼셀에서 열린 솔베이 국제회의(10월 30일~11월 2일)에 참석했다. 그날은 마리 퀴리에게 평생 잊지 못할 날이 되었다. 학술회의 도중 마리 퀴리의 영광스런 두 번째 노벨 화학상 수상 소식과 함께 프랑스 신문에 랑제방(Paul Langevin)과의 불륜 기사가 대서특필 된 것이다.

랑제방은 죽은 피에르 퀴리의 조수였다. 영예로운 두 번째 노벨상 수상 소식은 "폴란드 여자가 전도유망한 프랑스 과학자를 유혹했다"는 자극적인 불륜기사에 묻혀버렸다. 급히 프랑스로 귀국해 집으로 돌아온 마리는 자신의 집 앞에 모인 성난 군중들과 공포에 떨고 있는 14살 이렌과 7살 이브를 발견한다. 결국 마리와 딸들은 파리에 있는 친구들의 집으로 피신해야만 했다.

스캔들의 절정에서 스웨덴 왕립학회는 마리 퀴리에게 노벨상 수상식에 참석하지 말 것을 권고했다. 아인슈타인, 에르빈 슈뢰딩거, 리처드 파인만 같은 노벨상 수상자들이 카사노바처럼 무수한 섹스 스캔들을 뿌리고 다녀도 오히려 섹스가 창조적 아이디어의 근원이라며 부러워하는 듯한 과학계의 태도와는 달리 여성 노벨상 수상자에게는 너무나 이중적이고 가혹한 처사였다.

혹독한 상황에 처해서도 마리는 좌절하지 않았을 뿐만 아니라 오히려 투지가 살아났다. "노벨상은 라듐과 폴로늄을 발견한 업적에 의한 것이며, 개인의 사적인 일과 공적인 일은 아무 관계가 없다"라며 딸 이렌을 데리고 12월 10일 노벨상 수상식에 당당히 참석했다. 한창 감수성이 예민한 사춘기의 이렌은 어머니가 영욕의 시간을 치르는 동안 엇나가지 않고 오히려 어머니의 든든한 동반자가 되어주었다.

여론의 압박에 마리와 랑제방의 관계는 끝이 나고 둘은 좋은 친구로 남았다. 한편 랑제방은 아내와 법정까지 가지 않고 화해할 수 있었지만, 그 후에도 그는 자신의 비서와 바람을 피워 사생아를 낳았다.

제1차 세계대전과 '리틀 퀴리'

시간이 지나자 마리 퀴리에 대한 프랑스 대중의 시선도 누그러지고, 프랑스 정부도 재정적 지원을 하여 그녀의 필생의 숙원사업이었던 라듐연구소가 마침내 1914년 문을 열었다. 그러나 그해 8월 제1차 세계대전이 발발했고, 17살의 이렌은 소르본 대학에서 수업을 들으면서 어머니를 돕기 위해 간호 과정을 수강했다.

마리 퀴리는 개조한 트럭에 X선 장비를 싣고 딸 이렌과 함께 전쟁터로 나섰다. 그녀는 20개의 이동식 야전 병원을 운영했는데 병사들은 이를 '리틀 퀴리'라고 불렀다. 마리 퀴리는 딸에게 과학을 통해서 어떻게 인류에 봉사할 수 있는지를 몸소 가르쳐주었다. 아직 십대 이

전쟁터로 나선 이렌

박사학위를 받는 이렌

지만 나이보다 훨씬 성숙하고 정신력이 강한 이렌은 처참한 전쟁터에서 어머니와 함께 부상병들의 X-레이 촬영 임무를 수행했다. 전쟁이 끝난 후 이렌은 프랑스 정부로부터 군사 훈장을 받는다.

1918년 1차 세계대전이 끝나자 이렌은 소르본 대학에 돌아가 수학과 물리로 학위를 마쳤다. 그 후 이렌은 파리의 라듐연구소에서 박사학위를 시작하는데, 지도교수는 공교롭게도 어머니의 스캔들 상대이자 아버지의 조수였던 폴 랑제방이었다. 논문 주제는 폴로늄의 알파 붕괴에 관한 것으로 폴로늄은 마리 퀴리가 발견한 원소인데 마리가 조국 폴란드의 이름을 따서 명명했다. 이렌은 1925년 박사학위를 받는다.

이렌 퀴리와 프레데릭 졸리오의 사랑

훗날 이렌의 남편이 되는 프레데릭 졸리오(Frédéric Joliot)는 우연히 과학계에 발을 들여놓게 되었다. 이렌과는 달리 그는 내세울 만한 학력이 없었다. 그는 기숙학교에 다니며 학업보다는 스포츠를 더 좋아했는데 집안이 어렵게 되자 공립학교로 전학했다. 프레데릭은 파리공업물리화학 대학에서 랑제방 밑에서 공학사를 취득한 뒤 1925년 랑제방의 추천으로 라듐연구소에 마리 퀴리의 조수로 취직한다. 그때 이렌은 폴로늄의 알파선에 대한 연구로 박사학위가 거의 끝나갈 무렵이었다.

이렌은 젊은 화공 엔지니어인 프레데릭 졸리오에게 방사선 화학 연구에 필요한 정확한 실험 기술을 가르쳐주라는 지시를 받는다. 3살 연하의 그를 보자마자 이렌은 첫눈에 사랑에 빠졌고 프레데릭이 실험실에 온 지 1년 후 두 사람은 결혼을 했다. 둘 사이의 로맨틱한 관계가 알려지자 냉소가들은 소위 온달 콤플렉스를 가진 프레데릭이 자신의 출세를 위해 이렌에게 구애한다고 뒷담화를 했다.

마리 퀴리도 프레데릭을 탐탁지 않게 생각하고 결혼이 지속될지 확신하지 못해 혼전 계약서를 쓸 것을 주장한다. 그뿐 아니라 이렌이 퀴리 실험실의 라듐 사용을 상속받을 수 있도록 결혼 후에도 졸리 퀴리(Joliot-Curie)라는 성을 쓰도록 못박고 두 사람은 1926년 결혼한다. 라듐은 상당히 고가여서 미국 여기자 메로니(William Brown

라듐연구소 시절 이렌과 마리 퀴리

Meroney)는 마리 퀴리를 위해 당시 1그램 당 10만 달러(2019년 기준으로 150만 달러 상당)나 하는 라듐의 구입 자금을 모금하여, 1921년 마리는 미국 대통령 워런 하딩(Warren G. Harding)으로부터 라듐 1그램을 증정 받았다.

마리는 사위 프레데릭에게 두 번째 학사학위와 박사학위까지 받으라고 격려하여, 1930년 그는 방사선 원소의 전기화학으로 박사학위를 받는다. 마리와 피에르 퀴리가 개인적인 사랑을 과학에 대한 헌신과 결합시켰듯이 졸리오-퀴리 부부도 마찬가지였다.

이렌과 프레데릭은 과학에 대한 열정, 스포츠에 대한 애정, 비슷한 정치적 견해를 공유했다. 그들은 오랫동안 행복한 결혼생활을 하는 동안 부부 공동으로 노벨 화학상을 수상하고, 스페인 내전과 2차 세계대전에서 파시즘과 싸웠으며, 부모처럼 훗날 뛰어난 과학자가 되는 두 자녀를 두었다. 아들 피에르 졸리오-퀴리(Pierre Joliot-Curie)는 프랑스 국립과학연구센터의 저명한 생물학자 겸 연구원이고, 흥미롭게도 마리 퀴리의 손녀 엘렌(Hélène Langevin-Joliot)은 같은 핵물리학자인 랑제방의 손자와 사랑에 빠져 결혼했다.

졸리오-퀴리 부부의 노벨 화학상 수상

이렌과 프레데릭이 공동으로 논문을 발표하면서 몇 가지 확실한 연구 결과를 발표했지만, 두 사람 다 뛰어난 과학적 능력을 보여주지는 못했다. 1930년대는 방사능 물질과 관련된 연구가 한창 꽃 피우는 시기였다.

1932년 졸리오-퀴리 부부는 마리 퀴리의 폴로늄을 사용할 수 있는 권한을 갖고 있었다. 그들은 일련의 실험에서 양전자와 중성자를 둘 다 확인했지만, 발견한 입자의 성격을 잘 이해하지 못하거나 잘못 해석했다. 이런 실수로 중성자와 양전자의 발견을 각각 채드윅(James Chadwick)과 앤더슨(Carl D. Anderson)에게 놓치고 말았다.

그러나 1934년 1월 중순, 라듐연구소의 지하 실험실에서 졸리오-

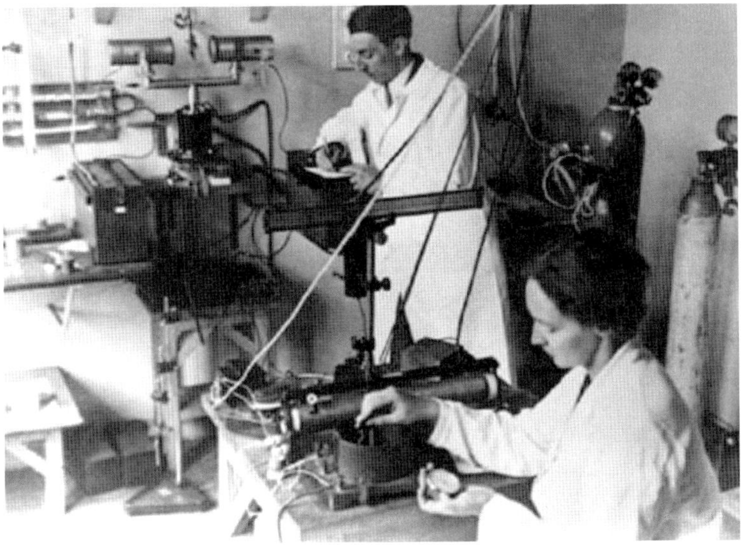

이렌과 프레데릭 졸리오

퀴리 부부는 마침내 과학의 역사에서 그들의 위치를 확고히 하는 중요한 발견을 하는데, 이때 프레데릭은 학생에게 다음과 같이 말했다고 한다. "중성자에 관해 우리는 너무 늦었어. 양전자도 우리가 너무 늦었지. 이번에 우리는 제시간에 꼭 맞췄네."(1934년 1월)

피에르-마리 퀴리 부부가 자연적으로 발생하는 방사성 원소를 분리한 연구를 바탕으로, 이렌과 프레데릭-졸리오 부부는 보론(원자번호 5번, 붕소)으로부터 방사성 질소, 알루미늄으로부터 인의 방사성 동위원소 그리고 마그네슘으로부터 실리콘을 만들어, 한 원소로부터 다른 원소를 만드는 연금술사의 꿈을 실현했다.

즉 알루미늄(원자번호 13) 박막을 폴로늄(Po)이 방출하는 알파 입자(즉 He핵)로 포격하여 다음과 같이 불안정한 인의 동위원소와 중성자를 만들어낸 것이다.

$$^{27}Al_{13} + {}^{4}He_{2} = {}^{30}p_{15} + {}^{1}n_{0}$$

이 반응 다음에 이어지는 핵반응으로 질량 0의 양전자 p가 인(P) 동위원소로부터 방출되어 안정된 규소(원자번호 14)로 이어진다.

$$^{30}P_{15} = {}^{30}Si_{14} + {}^{0}p_{1}$$

따라서 일련의 두 핵반응에서 전반적으로 알루미늄은 안정적인 실리콘으로 전환되고 첫 번째 단계에서는 중성자가 방출되며 두 번째 단계에서는 양전자가 방출된다. 이것은 하나의 원소인 알루미늄에서 인공적 방사선동위원소 인(P), 그리고 안정한 실리콘으로 원소가 변환된 것이다.

비록 이렌과 프레데릭은 중성자나 (1932년에 보고된) 양전자를 발견하지 못했지만, 1934년에 발견한 인공 방사능이 첫 번째 단계에서 중성자의 방출과 두 번째 단계에서 양전자의 방출을 수반한다는 것을 깨달았다. 의학용 방사성 물질의 응용이 점점 커져가면서, 두 사람의 발견으로 방사성 물질이 신속하고 저렴하며 풍부하게 생성될 수 있었다.

또한 졸리오-퀴리 부부의 인공방사선 동위원소 발견은 원자의 에너지를 방출하는 문제의 해결을 향한 중요한 단계로 이끌어갔다. 즉 우라늄 핵분열을 초래한 충격에 알파입자 대신 중성자를 사용하는 엔리코 페르미(Enrico Fermi)의 방법은 졸리오-퀴리 부부가 인위적으로 방사성 물질을 생산하기 위해 개발한 방법의 연장선이기 때문이다.

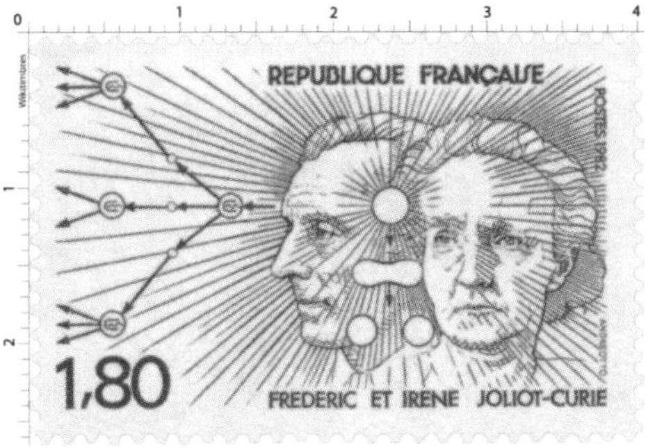

프레데릭과 이렌의 기념우표

1935년, 프레데릭과 이렌 졸리오-퀴리는 새로운 방사성 동위원소 합성으로 노벨 화학상을 수상한다. 노벨재단은 노벨 화학상 수상식에서 다음과 같이 밝혔다.

"당신들의 연구 결과는 순수과학에 있어 매우 큰 의미를 지니고 있지만, 거기에 덧붙여 생리학자, 의사 및 고통 받는 인류 전체가 당신들의 발견으로 더할 수 없이 귀중한 치료 방법을 얻기를 희망합니다."

그러나 아쉽게도 마리 퀴리는 첫째 딸 부부의 영광된 노벨상 수상식을 지켜보지 못하고, 1년 전인 1934년 백혈병으로 사망했다. 이들 부부의 노벨상 수상은 과학에 대한 열정과 헌신뿐만 아니라 마리 퀴리의 삶 자체가 본보기가 되고 또한 엄격한 교육이 복합적으로 작용한 것이 아닐까 싶다.

과학자로서의 사명감과 말년

'과학자의 히포크라테스 선서'의 첫 번째 강령은 다음과 같다. "나는 과학과 기술이 사회적인 책임을 다하는 보다 나은 사회를 위하여 연구할 것을 맹세한다."

마리 퀴리는 제1차 세계대전이 발발하자 개조한 트럭에 X선 장비를 싣고 딸 이렌과 함께 전선의 부상병을 치료함으로써 사회를 위해 봉사하는 과학자의 정신을 자연스럽게 딸에게 전수했다. 또한 당시에는 라듐을 의학적으로 활용하는 연구가 활발했는데, 마리는 엄청난 부가 보장되는 라듐에 대한 특허를 포기함으로써 과학자로서 사회적 책무와 인류애를 몸소 실천했다. 당시만 해도 방사능의 위험을 알지 못하던 때라 평생 방사능에 노출된 마리 퀴리는 1934년 66세에, 큰딸 이렌은 1956년 58세에 세상을 떠났고, 이렌의 남편 프레데릭도 2년 뒤 방사선에 의한 간 손상으로 58세에 사망한다.

2대에 걸친 퀴리 가문의 위대한 과학적 업적은 번뜩이는 통찰력에 의한 결과라기보다는 상상할 수조차 없을 정도의 극한 노동과 시련 속에서 수명까지 단축시켜가며 헌신적으로 집요하게 파고든 노력의 산물이다. 그들은 방사능에 과다 노출하여 사망에 이르렀지만, 아이러니컬하게도 방사능은 오늘날 백혈병을 포함한 여러 암 치료에 이용되며 인류의 목숨을 구하고 있다.

마리 퀴리의 둘째 딸 이브 퀴리(1904~2007)는 가족들 중 유일하게 과학에 흥미가 없고 문학과 예술에 재능을 나타내어 피아니스트이자 극작가로 성장했다. 이브는 여러 국가를 다니며 국제기구 활동을 하다 만난 미국인 외교관 헨리 라부이스(Henry Richardson Labouisse, Jr)와 결혼을 하는데, 남편도 1965년 유니세프(UNICEF) 대표 자격으로 노벨상을 수상함으로써 퀴리 가문에 노벨상 한 개를 추가한다.

이로써 퀴리 가문은 2대에 걸쳐 5명이 총 6개의 노벨상을 수상했는데, 이브는 자신만이 유일하게 노벨상을 받지 못한 이단아(black sheep)라고 농담처럼 말한다. 그러나 방사능 과다 노출로 일찍 사망한 어머니나 언니 이렌과는 달리 이브는 102세까지 장수했다.

한 가지 꼭 언급하고 싶은 것은 마리 퀴리는 물론 두 딸까지, 즉 세 모녀가 모두 그들의 커리어를 적극 지지하고 응원하는 배우자를 만나는 행운을 가졌다는 사실이다.

08

우주의 발견자

– 윌리엄 허셜과 캐롤라인 허셜 남매 천문학자

세계의 위대한 천문학자 명단 중 상위 10위 안에 들어가는 윌리엄 허셜은 어릴 적부터 음악 신동으로 알려졌다. 그는 매우 야심차고 정서적으로 예민한 음악가이며 작곡가인데 40대의 뒤늦은 나이에 아마추어 천문학자로 천왕성을 발견하고 단번에 영국 왕 조지 3세의 궁정 천문학자로 발탁된다. 그는 성악가였던 누이동생 캐롤라인과 함께 남매 천문학자로 유명해졌다.

당시 우주에 대한 관념은 뉴턴의 기계적 우주관에서 벗어나지 못하고 있었는데 허셜 남매의 등장으로 놀랄 만큼 발전하여 역동적인 우주관으로 완전히 바뀌게 된다. 약 200년 전 허셜은 당시 광학적으로 가장 정밀한 망원경을 직접 제작하여, 태양과 그에 수반되는 행성에 대한 연구에서 훨씬 더 먼 별과 성운의 우주 그리고 본질적으로 우주 전체에 대한 개념으로 천문학을 완전히 바꾸어 놓았다.

윌리엄 허셜과 캐롤라인 허셜 남매

그는 '소행성'이라는 용어를 만들었으며 적외선을 발견했고, 우리 태양계가 더 광대한 우주 내에서 움직이고 있다는 사실을 처음으로 깨달았다. 허셜은 천문학자들이 오늘날 사용하는 카탈로그의 기초를 이루는 2500개의 성운을 발견했을 뿐만 아니라, 망원경 제작자로서 그에 필적할 만한 사람이 없었다.

캐롤라인은 천문학에 대한 오빠 윌리엄 허셜의 열정을 함께 나누며 한밤중에 관찰한 별에 대해 기록하고 발표를 위해 윌리엄의 논문을 정리했다. 과학계에서 여성에 대한 차별이 심하던 시절, 그녀는 역사상 최초로 봉급을 받은 여성 천문학자이자, 8개의 혜성을 발견한 선구자이고 과학 분야에서 여성의 롤모델이 된 개척자이다.

어린 시절과 음악가로서의 활동

윌리엄 허셜(William Herschel, 1738~1822)은 1738년 11월 15일, 독일 하노버에서 군악대 오보에 연주자인 아이작 허셜(Issak Herschel)의 아들로 태어났다. 독일식 이름은 빌헬름 허셜(Friedrich Wilhelm Herschel)이다. 음악적 천재성을 지닌 아버지 아이작 허셜은 10명의 자식을 두었지만 넷은 어려서 죽고, 4명의 아들과 2명의 딸, 이렇게 여섯 명만이 살아남았다.

아이작은 오직 음악을 연습하고 연구하는 데 자신의 삶을 바쳤으며 장녀만 빼놓고 다섯 명의 자식들을 모두 뛰어난 음악가로 키워 음악 일가를 이루었다. 특히 아버지의 음악적 천재성을 물려받은 빌헬름은 네 살 때부터 바이올린을 연주할 정도로 재능을 보였다.

장남 제이콥과 차남인 빌헬름은 아버지의 직업을 따라 하노버 군악대에서 오보에를 연주했는데, 일찍이 뛰어난 재능을 보였던 빌헬름은 불과 14세의 나이에 군악대원이 되었다. 그는 오보에뿐만 아니라 바이올린, 하프시코드, 나중에는 오르간까지 연주할 수 있었다. 1756년 하노버 군악대는 잉글랜드로 발령받았는데, 당시 하노버는 영국 왕 조지 2세의 통치를 받고 있었다.

프랑스와의 전쟁이 임박해지자, 하노버를 방어하기 위해 영국에서 경비대를 소환하지만 하스텐베크(Hastenbeck) 전투에서 프랑스에 크게 패한다. 이후 아이작은 1757년 말 두 아들을 영국으로 도피시켰다. 장남 제이콥은 하노버 경비대에서 해고되었지만, 빌헬름은 탈영죄로 고발되었다가 25년이 지난 1782년에야 조지 3세에 의해 사면된다.

영어에 능통한 19살의 빌헬름은 자신의 이름을 영국식으로 프레더릭 윌리엄 허셜로 바꾸고, 처음에는 악보를 필사하는 일을 하며 생계를 꾸렸다. 그러나 곧 그는 음악 교사, 공연자, 작곡가로 꾸준히 자신의 지위를 향상시켰고, 1766년에는 부유층이 애용하는 유명 온천지 바스(Bath)에 있는 멋진 예배당의 오르간 연주가로 임명되었다. 이 시기에 그는 교회 음악뿐 아니라 24곡의 교향곡과 많은 협주곡을 포함해 수많은 작품을 작곡했다. 그의 교향곡 중 6곡은 2002년 마티아스 바메르트(Matthias Bamert)가 지휘하는 런던 모차르트 플레이어스(London Mozart Players) 연주로 녹음되었다.

윌리엄의 남자 형제들(제이콥, 알렉산더, 디트리히)도 바스에 와서 음악가로 활동했는데 누이동생 캐롤라인은 1772년 영국에 건너와 그의 집에서 같이 살았다. 1780년 허셜은 바스 오케스트라(Bath Orchestra)의 음악 감독으로 임명되었는데, 캐롤라인은 종종 소프라노 솔리스트로 출연했다.

수습 천문학자 시절

허셜은 인정받는 오르간 연주자, 성가대 지휘자, 작곡가인 동시에 별들의 불가사의한 마력에 유혹된 아마추어 천문학자였다. 선사시대 이래로 1781년 최초의 행성 발견이라는 엄청난 업적을 성취한 사람이 바로 천문학과 수학, 망원경 제작을 오로지 독학으로 공부한 음악가 허셜이다.

행성 발견이라는 놀라운 사건에 대해 당시 가장 유명한 전문 천문학자이며 파리 천문대 대장이던 장 도미니크 카시니(Jean-Dominique Cassini)는 다음과 같이 말한다. “전혀 예상치 못한 발견은 매우 특이한 상황으로, 천문학자나 경탄할 만한 망원경이나 또는 광학자의 작품이 아니라, 영국 음악가 허셜이 태양계의 7번째 주요 위성인 천왕성을 발견한 것이다.”

그렇다면 정식으로 과학 교육을 받지 않은 음악가 허셜이 어떻게 천문학에 대한 과학적 배경 지식을 갖게 되었으며 천왕성 발견까지 할 수 있었을까?

허셜은 아버지로부터 물려받은 지적 호기심 때문에 다양한 분야의 독서를 했다. 당시 응용수학자이자 음악 이론가인 케임브리지 대학의 로버트 스미스(Robert Smith, 1689~1768) 교수의 《화성학 또는 뮤지컬 사운드의 철학(Harmonics, or, The Philosophy of

Musical Sounds)》을 읽고 음악 이론에 심취하게 되면서 스미스 교수의 또 다른 4권짜리 저서 《광학의 완전한 시스템—대중적·수학적·철학적 총론(A compleat system of optics—a popular, a mathematical and a philosophical treatise)》을 접하게 된다. 그 책에는 18세기 망원경 제작자들의 가장 중요한 매뉴얼이 된 망원경 디자인과 제작을 다룬 부분이 있었는데 허셜은 이 책을 읽고 망원경 제작의 기술에 입문하게 되었으며 밤하늘을 관찰하는 매력에 푹 빠지게 되었다.

최초의 행성을 발견한 허셜을 기념하는 우표

캐롤라인과 빛의 기사 오빠 윌리엄

캐롤라인 허셜(Caroline Herschel, 1750~1848)은 오빠 윌리엄과는 열두 살 터울로 1750년 하노버에서 태어났다. 아버지 아이작은 살아남은 6명(아들 넷, 딸 둘)의 모든 자녀들에게 수학, 프랑스어 그리고 음악을 배우도록 했다. 그러나 여자아이는 교육을 받을 필요가 없다고 생각한 어머니는 큰딸 소피아가 결혼을 하자 다섯 살의 유일한 딸 캐롤라인이 나머지 식구들의 뒷바라지나 하기를 원했다.

10살 때 캐롤라인은 발진티푸스에 걸려 지독한 후유증으로 왼쪽 눈이 실명되고 성장마저 부진해 키가 130센티 정도밖에 자라지 않았다. 부모들은 캐롤라인이 결국 결혼도 못 하고 평생 독신으로 지낼 것이라고 생각했다. 특히 그녀의 어머니는 남편의 기대와는 반대로 캐롤라인이 교육을 받기보다는 하녀 훈련을 받는 것이 최선이라고 느꼈다. 아버지는 때때로 아내가 없는 틈을 타서 딸을 직접 가르치거나 오빠들의 바이올린 같은 레슨 시간에 포함시켜 주었다.

캐롤라인이 가정교사가 되어 독립하려고 했을 때도 어머니는 이를 막기 위해 프랑스어나 고급 자수를 배우지 못하도록 반대했다. 오빠들이 영국으로 떠난 후에도 캐롤라인은 계속 부모 집에서 같이 살았는데 딸의 교육엔 관심이 없는 어머니는 불쌍한 그녀를 가정부처럼 부렸다. 아버지가 사망하고 난 후, 윌리엄이 하노버로 와서 고집 센 어머니를 설득하여 마침내 캐롤라인은 1772년 22살의 나이에 집을 떠나 영국 바스에 있는 오빠 집으로 올 수 있었다.

윌리엄은 캐롤라인에게 성악 레슨과 영어, 수학을 가르쳤다. 가정부로 끝날 뻔한 막내 여동생 캐롤라인을 결국에는 위대한 여성 천문학자로 인생 역전을 시킨 오빠야말로 캐롤라인에게는 빛의 기사였다. 윌리엄 허셜의 입장에서도 전 생애를 통해 캐롤라인은 평생 동안 가장 헌신적인 조수였으며 그녀 자신도 천문학에서 상당한 업적을 남긴다. 그런데 흥미로운 사실은 캐롤라인의 경우뿐만 아니라 많은 성공한 여성 과학자들의 어린 시절을 보면, 딸이 많이 배우면 결혼하기 어렵다고 어머니가 반대하고 아버지나 오빠가 더 전폭적인 지지와 격려를 하는 것을 볼 수 있다.

대형 망원경 제작

윌리엄의 취미는 천문학이어서, 우주를 더 깊이 들여다볼 수 있는 더욱 강력한 망원경을 만들기 위해 자신이 직접 거울을 연마하며 여가를 보냈다. 망원경 제작자로서의 명성이 널리 알려질 무렵 그는 음악가로서의 직업을 그만두고 망원경 제작과 천문학에 모든 시간을 바친다. 캐롤라인도 성공한 성악가로서의 경력을 접고 오빠의 망원경 제작을 도우며 천문학에 대한 열정을 함께 나누기 시작했다.

허셜 남매가 망원경 거울을 연마하던 작업대

허셜은 망원경 거울을 갈고 연마하는 데 수많은 고된 시간을 여동생 캐롤라인과 함께 보낸 끝에 드디어 그리니치 천문대에서 사용하는 망원경보다 훨씬 뛰어난 최상급 대형 망원경을 제작했다. 그는 또한 접안 렌즈도 만들었는데 가장 좋은 것은 6450배의 배율을 가졌다. 천문가로서의 경력 동안 허셜은 400개 이상의 망원경을 만들었는데, 이 중 가장 크고 가장 유명한 것은 1.26미터 주경(主鏡, primary mirror)을 갖추고 초점 거리가 12미터인 반사 망원경이다. 1789년에 완성된 이 망원경은 18세기의 기술적 불가사의 중 하나로, 광학적 품질에 관해서는 이론의 여지없이 허셜은 역사상 가장 위대한 망원경 제작자 중 한 명이 되었다.

허셜은 손수 제작한 망원경을 가지고 1773년 5월부터 행성과 별을 관찰하기 시작해 1774년 3월 1일부터 토성 고리와 오리온 대성운(M42)을 관찰하며 천문학 일지를 쓰기 시작했다.

쌍성(雙星, binary star)의 발견과 천왕성(Uranus)의 발견

허셜은 1774년에 첫 번째 대형 망원경을 제작한 후 9년 동안 하늘을 관찰하며 연주시차(年周視差, annual parallax)를 검출할 목적으로 갈릴레이가 언급한 쌍성을 관측했다. 쌍성이란 2개 이상의 별들이 서로의 인력 때문에 공통 질량 중심의 주위를 일정한 주기로 공전함으로써 나란히 보이는 항성을 말하며 연성(連星)이라고도 한다.

허셜은 초점 거리 12미터의 대형 반사 망원경을 만들었다

그는 곧 예상했던 것보다 많은 쌍성과 다중성(多重星)들을 발견했고, 이들의 상대적인 위치를 정밀하게 측정하면서 두 개의 카탈로그로 편집하여 1782년(269 쌍성 또는 다중성 시스템)과 1784년(434 시스템)에 '쌍성 목록'을 런던 왕립학회에 제출했다. 1783년 이후에 이루어진 발견(145 시스템)의 세 번째 목록은 1821년 출판되었다.

1781년 3월, 40대 초반의 허셜은 쌍성을 찾고 있는 동안 우연히 원반 형태로 나타나는 물체를 발견했다. 그는 원래 그것이 혜성이라고 생각했는데, 궤도 계산 결과 그것은 새로운 태양계의 일곱 번째 행성으로 밝혀졌다. 그는 이를 영국 왕 조지 3세를 기리기 위해 '조지의 별'이라는 의미의 라틴어 게오르기움 시두스(Georgium Sidus)라고 명명했다. 하지만 그 이름은 영국 이외의 지역에서는 인기가 없었고 특히 프랑스는 영국 왕 이름을 붙이는 것에 반대하며 발견자의 이름을 따서 허셜이라 불렀다.

독일의 천문학자 보데(Johann Elert Bode)가 대안으로 그리스 신화 속 하늘의 신 우라노스(Uranus, 제우스의 할아버지이며, 크로노스의 아버지)를 제안하여 Uranus(천왕성)가 널리 쓰이게 된다. 그리스 신화의 최고 신 제우스와 그의 아버지 크로노스는 로마신화에서는 각각 주피터와 사투르누스에 해당하며 따라서 목성(Jupiter)과 토성(Saturn)은 로마신화에서 따온 이름이고 천왕성(Uranus)은 그리스신화에서 유래된 이름이다.

천왕성의 발견으로 허셜은 하룻밤 사이에 유명해져서 같은 해, 영국 왕립학회는 그에게 코플리 메달(Copley Medal)을 수여하고 왕립학회 펠로우로 선정했다. 1782년 허셜은 조지 3세로부터 기사 작위를 받고 연봉 200파운드의 왕실 천문학자로 임명된다. 또한 1787년 조지 3세는 캐롤라인을 연봉 50파운드의 윌리엄 조수로 임명하여, 그녀는 세계 최초로 봉급을 받는 여성 천문학자가 되었다. 그 후 윌리엄과 캐롤라인은 윈저 인근의 다첼(Datchet)으로 이사를 간다. 허셜은 망원경 제작자로서의 작업을 계속했으며, 국제적 명성을 얻어 영국과 유럽 대륙의 천문학자들에게 60개 이상의 반사경을 판매했다.

1782년 허셜이 명망 있는 왕립학회 회원으로 선정되었을 무렵 그는 프랑스 천문학자 메시에(Charles Messier)의 저서 《성운과 성단의 목록(Catalog of Nebulae and Star Clusters)》를 읽었다. 이 책은 허셜의 관심을 촉발시켜 그는 밤하늘의 흐릿한 물체들을 관찰하기 시작했다. 허셜은 성능이 떨어지는 망원경으로는 유백색으로 나타나는 몇 개의 성운이, 자신의 가장 강력한 망원경으로는 명확한 별들로 관찰된다는 것을 깨달았다.

1782년부터 1802년까지 20피트(610cm) 길이에 초점거리 2개, 12인치(30cm)와 18.7인치(47cm) 조리개를 가진 망원경을 가지고 허셜은 전체 하늘을 조직적으로 관측하여 1786년(1000개), 1789년(2000개), 1802년(500개) 등 3회에 걸쳐 총 2500개의 새로운 성운·성단의 목록을 작성했다.

남매의 말년: 갈등과 화해의 관계

캐롤라인은 처음에는 오빠의 조수로 일했지만 그 후 점점 더 많은 일을 스스로 하기 시작했으며 윌리엄이 천문학에 대한 근대 수학적 접근법을 개발하는 것을 도왔다. 1783년 2월 캐롤라인은 첫 번째 발견으로 프랑스의 천문학자 샤를 메시에(Charles Messier)의 목록에 포함되지 않은 새로운 성운을 발견했다. 같은 날 밤, 그녀는 안드로메다 은하의 두 번째 동반자인 메시에110(NGC 205)을 독립적으로 발견하는데, 윌리엄은 더 많은 발견을 할 수 있다는 것을 감지하고 성

윌리엄, 캐롤라인 남매

운을 찾기 시작한다.

1786~1797년 동안 그녀는 8개의 혜성, 11개의 성운을 발견했으며, 8개의 혜성들 중 6개에 그녀의 이름이 붙여졌다. 캐롤라인은 오빠 윌리엄의 제안으로, 별의 위치를 자세히 설명하는 플램스티드(John Flamsteed)의 작업을 업데이트하고 수정하여 정오표 목록과 추가적인 560개 별들을 포함하는 《항성들에 대한 플램스티드 관측 색인(Index to Flamsteed's Observations of the Fixed Stars, 1798)》을 출판했다.

윌리엄 허셜이 중년의 나이에 전문가가 되어 천문학 분야에서 성취한 업적은 스스로의 노력뿐만 아니라 여동생 캐롤라인의 희생적인 지원이 있었기에 가능했다. 윌리엄은 50세 되던 1788년, 부유한 미망인 메리 피트(Mary Pitt)와 결혼하여 이전의 가난에서 모처럼 벗어나 여생을 돈 걱정 없이 천문학 연구에 전념할 수 있게 되었다. 하지만 이 결혼은 남매 관계에 갈등을 불러온다.

윌리엄 집안에 안주인이 생기자 캐롤라인은 가정 내에서의 집안 관리와 사회적 역할, 그리고 동료로서의 지위를 잃게 되었다. 그녀는 집에서 나와 외부 숙소로 이사해야 했으며, 오빠와 함께 일하기 위해 매일 관측소와 작업실로 출근해야 했는데, 더 이상 작업실 열쇠도 갖지 못했다. 이러한 모든 일 때문에 그렇지 않아도 오빠를 숭배하던 캐롤라인은 남매의 평화롭던 일상에 침범한 올케를 질투하며 몹시 불쾌해했다.

그러나 캐롤라인은 이 기간 동안 계속 오빠와 일을 했고 윌리엄의 가족이 종종 집을 비울 때 그들을 위해 집을 관리해 주기도 했다. 그러나 윌리엄의 결혼은 캐롤라인이 좀 더 독립적이고 자력으로 인정을 받는 계기가 된다. 그녀는 단독으로 천문학적 프로젝트를 수행하여 많은 발견을 해냄으로써 자신의 명성을 높여갔다.

윌리엄은 결혼 4년차인 1792년, 54세에 늦둥이 아들 존(John Herschel)을 낳았는데, 아버지와 고모의 영향을 받고 자란 존도 훗날 유명한 천문학자가 된다. 캐롤라인은 나중에 올케와 화해하고 애정이 담긴 편지를 주고받으며 특히 조카에게 상당한 애정을 쏟았다. 캐롤라인은 존에게 플램스티드의 아틀라스(Atlas)를 보여주어 천문학에 처음 입문하게 해주었을 뿐 아니라 오랜 기간 조카의 교육에 상당한 영향을 미쳤다.

1822년 8월 25일 윌리엄 허셜은 오랜 병으로 윈저가(街) 슬라우(Slough)에 있는 자택에서 84세에 세상을 떠났다. 캐롤라인은 자신의 모든 에너지를 오빠가 살아 있는 동안에는 그의 천문학 연구를 돕는 데 썼고, 오빠 사후에는 조카 존을 돕는 데 쏟아부었다.

오빠가 죽은 후 크게 상심한 캐롤라인은 독일 하노버로 돌아가 그곳에서 그들 남매가 발견한 2500개의 성운과 많은 성단의 카탈로그를 완성했다. 캐롤라인은 이 작업 덕분에 1828년 영국 왕립 천문학회로부터 골드 메달을 수상하는데, 이는 78세에 그녀가 받은 첫 번째 상이었다.

가치 있고 엄청나게 힘든 노력을 한 캐롤라인에게 왕립 천문학회는 "과학을 위한 75세 여성의 끊임없는 열정에 대해 '특별한 기념비'를 수여한다"라고 치하했다. 평생 독신으로 산 캐롤라인은 메리 소머빌(Mary Sommerville)과 함께 과학적 성취를 인정받아 1835년에 여성 최초로 왕립 천문학회 명예회원으로 선출되었다. 이때 캐롤라인의 나이는 85세였다. 1846년, 캐롤라인은 96세 생일에 천문학에 헌신한 업적을 인정받아 프러시아 왕으로부터 과학의 금메달을 수여받았고, 98세에 하노버에서 영원히 눈을 감았다. 그녀의 스토리는 말 그대로 "나이는 숫자에 불과하다"라는 말을 실감케 한다.

09

산업혁명 시대의 위대한 엔지니어

- 마크 브루넬, 이점바드 브루넬 부자(父子)

어느 분야든 유명한 아버지를 둔 아들은 아버지의 그늘을 벗어나기 위해 엄청난 스트레스를 받는다. 공학계도 마찬가지여서 가령 토머스 에디슨, 알렉산더 그레이엄 벨, 그리고 조지 스티븐슨의 아들도 유명한 발명가이자 엔지니어지만 아버지 그늘에 가려져 대중에게 잘 알려지지 않았다.

그러나 제1차 산업혁명 시대의 위대한 엔지니어 브루넬 부자의 경우 아들 이점바드 브루넬(Isambard K. Brunel)은 아버지 마크 브루넬(Mark I. Brunel)을 뛰어넘어 공학 역사상 가장 독창적인 다작 엔지니어 중 한 사람으로, 토목·조선공학계의 거인으로 우뚝 선다.

브루넬 부자의 업적을 설명하기 전 그들이 살았던 제1차 산업혁명 시대의 역사적 배경을 살펴보자.

마크 브루넬

이점바드 브루넬

18세기 중반 영국에서 시작된 산업혁명은 창의적이고 혁신적인 과학과 기술 발전의 결과로 현대 역사에서 중요한 전환점이 되었다. 18세기까지 지속되어온 농업과 수공업 경제에서 제조업·공업의 기계화·공장화가 주축인 경제로의 전환을 가져왔고, 이에 수반하여 사회·경제·정치 분야에서 근본적 변화가 일어난 시대이다. 식민지를 통한 원료와 시장의 확보, 혁신적인 기술력, 풍부한 지하자원, 값싼 노동력과 유연한 국가 정책을 가지고 있던 영국에서 시작되어(1760~1850) 유럽, 미국, 러시아 등으로 퍼져나갔다.

그렇다면 산업혁명을 견인한 에너지원은 무엇이었을까? 산업혁명 이전에는 에너지 사용이 근육과 생물자원(주로 땔감)에만 의존하였으며 대부분 작업은 육체노동과 동물에 의해 제공되었다. 다른 에너지원으로 풍차와 물레방아가 존재했지만 그 기여는 미미했다.

그러나 산업혁명은 영국에 풍부하게 매장되어 있는 석탄의 사용과 함께 에너지원에 큰 변화를 가져온다. 기계적 에너지를 생성하기 위한 열에너지의 사용이 이러한 변화의 핵심 동인으로 증기 동력을 이용한 증기기관의 발명이 면직물 공업, 기계공업, 제철업, 석탄 채굴, 공작기계, 수송 분야로 널리 확대 이용되어 제1차 산업혁명을 견인했다.

그 결과로 산업혁명의 긍정적·부정적 양면 중 긍정적인 영향을 꼽는다면 풍부한 생산제품으로 사람들은 보다 건강한 식단, 더 나은 주거, 더 저렴한 상품으로 생활 수준이 높아져 평균 수명도 길어지고 교육 수준도 높아지게 되었다. 중산층과 상류층은 곧바로 산업혁명의 혜택을 받았으나 노동자의 경우는 위험한 작업 환경, 저임금, 긴 노동 시간 등으로 훨씬 더 오랜 시간이 지난 후에야 산업혁명의 혜택을 받게 된다.

마크 브루넬 – 산업혁명 시대 대량생산의 선구자 겸 토목공학자

마크 브루넬(Marc Isambard Brunel, 1769~1849)은 산업혁명 시대에 템스 터널을 건설한 창의적인 프랑스계 영국인 토목공학자이자 기계공학자인데 무엇보다 이점바드 브루넬(Isambard Kingdom Brunel, 1806~1859)의 아버지로 가장 잘 알려져 있다.

범선의 핵심 부품인 목재 도르래와 삭구(밧줄)

마크 브루넬은 프랑스 노르망디 지방의 아크빌(Hacqueville) 마을의 부유한 농부였던 아버지 장 샤를 브루넬(Jean Charles Brunel)의 둘째 아들로 태어났다. 어린 시절부터 수학, 역학, 그리고 그림에 탁월한 재능을 보여 11살이 되었을 때, 마크는 엔지니어가 되고 싶다는 의사를 밝힌다. 그러나 아버지는 아들이 성직자가 되기를 원해 루앙에 있는 신학교에 입학시켰다. 신학교 교장은 마크가 성직자가 될 마음이 없는 것을 알고 해군 엔지니어로서의 경력을 쌓도록 다른 곳에서 훈련을 받을 수 있게 도와준다.

마크는 프랑스 해군에 입대하여 6년 간 복무한 뒤 1793년에 당시 혁명이 한창이던 프랑스로 돌아왔다. 그는 왕당파 지지자였기 때문에 자코뱅 혁명 정부의 감시를 받게 되자 몇 달 안에 곧 미국으로

포츠머스 블록 공장

이주하여 1796년, 27살 나이에 뉴욕시의 수석 엔지니어가 되었다. 마크 브루넬은 프랑스에서 만났던 영국인 연인 소피아 킹덤(Sophia Kingdom)과 재회하기 위해 영국으로 건너가 둘은 1799년 11월에 결혼했다.

영국 해군은 범선 삭구(索具)의 핵심 요소인 다양한 크기의 목재 도르래 블록을 매년 약 10여 만 개씩 필요로했다. 1801년 3월 9일 마크는 수작업으로 만들던 선박용 도르래 블록을 기계로 생산하는 방법으로 특허를 받고 영국 해군은 포츠머스 조선소에 기계를 설치하려는 마크의 계획을 승인했다.

1803년 자금을 후원 받은 그는 3년 안에 완전한 생산 설비를 만들었다. 그곳에서는 10명의 비숙련 작업자가 43대의 기계를 가지고 100명의 장인이 해야 할 작업을 수행했으며, 블록의 품질도 균일하고 훨씬 우수했다.

포츠머스 블록 공장은 세계 최초로 온전히 증기기관으로 가동된 공장이자 대량생산의 선구자이며 산업혁명의 핵심 사건이다. 마크 브루넬은 헨리 포드보다 적어도 100년 앞서 포츠머스의 해군 조선소에서 생산 설비를 만들었기 때문에 생산 설비의 아버지라고 알려졌다. 그런 업적을 인정받아 1814년 왕립학회 회원으로 선출된다.

마크와 아내 소피아는 포츠머스로 이사하여 블록 공장 근처에서 살며 이미 낳은 두 딸 외에도 1806년 포트시(Portsea)에서 외아들 이점바드 브루넬을 얻었다.

마크 브루넬의 조기교육 '바짓바람'

마크는 아들이 가능한 한 최고의 교육을 받고 어릴 때부터 엔지니어로 성장할 수 있도록 양육했다. 그는 아들 이점바드에게 엔지니어가 되기 위한 두 가지 자질이라고 여긴 산술과 스케치를 가르쳤으며 8살 때 영국 호베(Hove)에 있는 기숙학교에 보내 고전을 공부하게 했다.

마크는 영국이 최고의 기술자를 보유하고 있지만, 이론과 고급 수학 분야에서는 프랑스가 더 뛰어나다고 믿어, 14세의 아들 이점바드를 프랑스로 보내 노르망디의 캉 대학(University of Caen)과 파리의 리시 앙리 4세 대학에서 공부시켰다.

마크 브루넬은 토목 공학 분야의 업적으로도 역사책에 이름을 남기는데, 그가 이룬 초기 현수교, 최초의 부유식 선박 상륙 플랫폼, 그리고 가장 대규모인 템스강 하저 터널 건설 등 이런 종류의 건설은 최초이자 완전히 새로운 기술을 필요로 하는 것들이었다.

1818년 그는 배좀벌레조개(ship worm)가 목재에 구멍을 내는 모습을 보고 물이 고이는 지층이나 연약 지반에 터널을 만들 때 사용할 실드공법(shield tunnel boring machine)을 구상하고 특허를 냈다. 실드공법은 지반 내에 실드(굴진기)라고 하는 강철 통 또는 틀을 추진시켜 터널을 구축하는 공법으로 이 장치는 1825년 영국 템스강 하저 횡단 터널 공사에 처음 사용된다.

1822년 말 이점바드는 프랑스에서 돌아와 아버지의 천재적인 발명 재능을 증명하는 황당할 정도의 엄청난 프로젝트에 함께 참여하면서 마크 밑에서 실제 견습 생활을 시작했다.

수석 엔지니어인 마크의 지시 아래 1825년 런던의 템스강 아래로 로더히스(Rotherhithe)-왑핑(Wapping) 사이의 터널 공사가 착공되

실드공법

었을 때, 스무 살의 브루넬은 보조 엔지니어로 참여했다. 몇 년에 걸쳐 이점바드는 강의 한쪽에서 다른 쪽으로 수평 샤프트를 운전하는 터널 기술자와 함께 가장 어렵고 위험한 조건에서 일했다.

공사중에 크고 작은 사고들이 일어났는데 1828년, 범람한 강물에 터널이 붕괴하여 많은 인부가 죽고 이점바드도 중상을 입었다. 그 후 템스 터널은 재정 문제로 7년 동안 공사가 중단되었고 우여곡절 끝에 1843년 보행자용 터널로 완공되었다. 공사가 시작된 지 18년 만이었다.

세계의 최초 실드 구동 터널이자 최초의 주요 해저터널인 템스 터널은 1869년 이스트런던 철도를 운행하기 위해 개조되었으며 현재는 런던 지하철의 일부가 되었다. 템스 터널은 마크 브루넬의 마지막 위대한 업적으로 그는 1849년, 80세를 일기로 런던에서 사망한다.

이점바드 브루넬, 아버지를 뛰어넘다

빅토리아 시대의 위대한 발명가이자 혁신가인 마크 브루넬의 가장 큰 업적은 아들 이점바드 브루넬(1806~1859)이라고 말한다. 이점바드는 엔지니어가 각광받는 시대에 일했고 그 역할에 그보다 더 나은 사람은 없었다. 카리스마 넘치고 명석하지만 일중독이며, 피비린내 나게 전투적인 경향을 가진 그는 전면에서 자신의 프로젝트를 이끌었다. 상업적인 실패를 겪은 후에도 주주들이 투자금을 회수 못한다 해도 설득할 수 있는 탁월한 재능을 가지고 있었다.

이점바드 브루넬은 5개의 현수교, 8개의 부두 및 부두 시스템, 최초의 프로펠러 구동 대서양 횡단 증기선을 포함한 일련의 증기선, 육군 야전 병원을 포함해 25개의 철도 노선, 100개가 넘는 다리를 건설했다. 각 프로젝트를 성공시킴으로써 그는 철도, 토목 및 해양 공학 분야에서 그때까지 알려져 있거나 상상했던 그 어떤 것보다 훨씬 더 많은 공학 기술을 확장했다.

당대 최고의 엔지니어로 평가받고 있는 브루넬은 오늘날에도 그를 기념하는 수많은 기념물에서 알 수 있듯이 영국에서 여전히 존경을 받고 있다. 런던의 템플, 브루넬 대학교, 패딩턴 역에 그의 동상이 세워졌고 도로, 공원, 주차장, 학교도 브루넬의 이름을 따서 명명되었다. 2002년 BBC가 '100명의 위대한 영국인'을 선정하기 위해 실시한 여론 조사에서 브루넬은 윈스턴 처칠에 이어 2위를 차지했다.

교량 건설

1828년, 템스강의 하저 터널 공사를 하다가 터널이 붕괴하여 중상을 입은 이점바드는 휴양차 브리스틀로 갔다. 그는 회복기에 에이번(Avon)강을 가로질러 브리스틀의 클리프턴(Clifton)과 노스 서머싯(North Somerset)의 레이우즈(Leigh Woods)를 연결하는 클리프턴

클리프턴 현수교

로열 앨버트 교에 이점바드 브루넬의 이름이 새겨져 있다

현수교 설계 공모에 스코틀랜드의 저명한 엔지니어 토머스 텔포드(Thomas Telford)의 설계를 제치고 당선된다.

브루넬이 '내 첫 아이, 내 사랑'이라고 표현할 만큼 애정을 쏟은 클리프턴 현수교 건설은 1831년, 그가 24살에 맡게 되었지만 그는 다리가 완성되는 것을 보지 못하고 1859년 사망했다. 여러 차례 시행착오를 겪으며 완공한 이 현수교는 브리스틀을 대표하는 하나의 상징이 되었는데 높이 75미터, 길이 414미터로 재정적 문제 등 우여곡절 끝에 착공 33년 만인 1864년에야 완공되었다.

브루넬은 25개의 철도 노선을 건설하기 위해 벽돌, 석재, 목재, 주철 등의 재료를 써서 5개의 현수교를 포함하여 100개가 넘는 다리를 설계했다. 그 중에서도 그의 마지막 걸작이라고 불리는 로열 앨버트 교(Royal Albert Bridge)는 플리머스 데본(Devon)과 솔타시(Saltash) 콘월(Cornwall) 사이의 타마르 강을 가로지르는 철도 교량이다.

1854년 착공해 1859년 준공한 아치 모양의 이 다리는 트러스(truss) 공법이 접목된 새로운 형태의 폐쇄형 현수교로 1859년 5월 2일 앨버트 왕자(Prince Albert)에 의해 개통되었다. 브루넬은 그해 말 사망했으며 다리 양쪽 끝 게이트 위에 그의 이름이 새겨졌다.

그레이트웨스턴 철도

1825년, 조지 스티븐슨이 설계한 증기 기관차를 사용한 세계 최초의 여객 철도가 스톡턴(Stockton)에서 달링턴(Darlington)까지 공식적으로 개통되었다. 브루넬은 철도 공사에서 궤도의 너비를 1435밀리미터로 정했는데 이것이 표준 궤간이 되어 전국적으로 철도가 보급되기 시작했다.

1833년, 26세의 나이에 브루넬은 새로 설립된 그레이트웨스턴 철도회사의 수석 엔지니어로 임명된다. 런던을 잉글랜드 남서부와 서부, 웨스트 미들랜즈, 대부분의 웨일즈와 연결하는 영국 철도회사로 그는 토목 공사에서부터 철도 차량, 심지어 기차역의 가로등에 이르기까지 철도 설계의 모든 면을 감독했다.

브루넬은 실험을 통해 레일을 7피트(2.134미터) 간격으로 설치하면 속도, 안정성, 효율성, 승차감이 향상된다는 결론을 내린다. 그는 미래의 철도 고속화와 효율성을 위해서는 광폭 궤간이 절대적으로 유리하다고 판단하여 장차 논란이 될 대담한 결정을 내린다. 그는 주주들을 설득하여 1835년에 런던에서 서남부에 건설된 그레이트웨스턴 철도에는 7피트의 궤간을 채택하는데, 그 후 이 노선은 꾸준히 확장되었다.

그레이트웨스턴 철도는 '휴가 철도(Holiday Line)'로 유명하다. 그래서 어떤 사람들은 그레이트웨스턴 철도를 '신의 멋진 철도(God's Wonderful Railway)'라고 불렀고 다른 사람들은 'Great Way Round'라고 불렀다. 브루넬의 대담한 독창성과 미적 감각, 그리고 관행을 깨는 구조는 오늘날 철도 인프라의 중요한 부분이 되었다. 그레이트웨스턴 철도는 아이비 브리지(Ivy bridge)의 구름다리, 특별히 설계된 역사, 당시 세계에서 가장 긴 철도 터널이었던 박스 터널(Box Tunnel)을 비롯한 광역 터널 등 여러 인상적인 업적을 보여주고 있다.

박스 터널이란 영국 잉글랜드 서부를 지나는 철도 터널로 1838년 12월에 공사를 시작해 1841년 6월 30일에 개통되었다. 바스(Bath)-치프넘(Chippenham) 사이를 연결하기 위해 박스힐(Box Hill)을 관통하는데 터널 길이는 직선으로 2939미터이다.

그런데 아쉬운 점은 두 선구적인 엔지니어인 브루넬과 조지 스티븐슨이 서로 다른 궤간을 사용하기 때문에 직통 운행할 수 없어 확장하는 철도 연결성에 치명적이라는 점이다. 따라서 영국 철도의 레일 사이에 표준 궤간을 설정하려는 시도가 일어나 두 사람은 전쟁을 벌이게 되는데 이를 궤간 전쟁(Gauge War)이라고 부른다.

브루넬의 광궤가 기관차 성능 시험의 결과 우수하지만 1846년 영국 정부는 스티븐슨의 1435밀리를 표준 궤간으로 채택한다. 가장 큰 이유는 스티븐슨이 10년 정도 먼저 철도사업을 시작했기 때문에 당시 양쪽의 영업 선로 거리가 3000킬로미터 대 300킬로미터로 큰 차이가 나서 철도회사의 지지를 많이 받았기 때문이다. 이 궤간 전쟁에서 패한 그레이트웨스턴 철도는 그 후에도 표준 궤간을 거부하고 광폭 궤간을 고수하며, 다른 표준 궤도 철도보다 빠른 속도로 열차의 운행을 계속했지만 브루넬의 광폭 궤간은 결국 그가 죽은 지 33년 후인 1892년에야 표준 궤간이 되었다.

선박 건조: 해양공학에 공헌하다

브루넬은 교량, 터널, 철도뿐만 아니라 해양 공학에도 지대한 공헌을 했다. 그레이트웨스턴(1837), 그레이트브리튼(1843), 그레이트이스

이점바드 브루넬과 조지 스티븐슨은 철도 궤간 전쟁을 벌인다

턴(1858) 호 등 3척을 건조했는데 진수할 당시 세계에서 가장 큰 선박이었다. 그는 크기, 동력 및 혁신적인 기술을 결합하여 해상 여행에 혁명을 일으키고 현대 선박 설계의 기반을 닦았다.

브루넬은 1835년 그레이트웨스턴 철도가 개통되기 전에 브리스틀에서 대서양을 가로질러 뉴욕시까지 선박 운송 네트워크를 확장할 것을 제안한다. 투자자들을 모집하여 1836년 그레이트웨스턴 증기선 회사가 설립되고 세계 최초의 대서양 정기 횡단 목제 외륜(外輪) 증기선인 그레이트웨스턴 호가 1837년 진수되었다.

증기기관으로 움직이는 외륜 외에도 4개의 돛대를 설치한 그레이트웨스턴 호는 1938년 4월 8일 영국의 브리스틀에서 출항해 15일 만에 뉴욕항에 도착하는 역사적인 기록을 세웠고 이후 1838년부터

그레이트웨스턴 호

1846년까지 대서양을 횡단하는 정기선으로 운항되었다.

이후 브루넬은 노를 저어 바퀴를 움직이는 방식의 외륜선보다 프로펠러로 움직이는 선박이 우월하다는 것을 확신했다. 그 후 1843년에 진수된 그레이트브리튼 호는 영국에서 가장 중요한 선박 중 하나가 되었다.

그레이트브리튼 호는 세계 최초의 철제 스크루 프로펠러로 구동되는 증기 동력 여객선으로 당시 이러한 크기의 철제 선박은 만들어진 적이 없었다. 많은 사람들이 배가 뜨지 않을 것이라며 회의적인 시선을 보냈다. 그러나 1845년 리버풀에서 뉴욕으로 향하는 첫항해에서 그레이트브리튼 호는 이전 항해 시간을 절반으로 단축하며 기록적인 14일 만에 안전하게 대서양을 건넜다.

그레이트브리튼 호

브루넬의 도전은 계속되어서 1853년 세계 역사상 가장 웅장한 배인 그레이트이스턴 호의 설계 작업을 시작한다. 4천 명의 승객을 태우고 재급유 없이 호주로 돌아오도록 설계한 이 선박은 길이 213미터, 무게 2만 톤으로 브루넬의 최고의 영광이자 동시에 결국 몰락을 가져오는 계기가 된다.

많은 문제에도 불구하고 마침내 그레이트이스턴 호는 1858년 진수되었다. 그러나 이점바드 브루넬은 이듬해에 과로와 스트레스, 갑작스러운 신부전으로 53세의 이른 나이에 사망했다.

당시의 최대 선박보다 4배나 큰 그레이트이스턴 호는 중간에 연료 보급 없이 세계 일주를 할 수 있었으나 미처 생각지 못한 중요한 문제에 부딪혔다. 대형이라 입항이 어려웠고 그로 인해 상업적으로 성

그레이트이스턴 호

패딩턴 역에 세워진 이점바드 동상

공하지 못했다. 1864년 그레이트이스턴호는 해저 케이블 부설 회사에 헐값에 팔려 유럽-북미 간을 연결하는 최초의 대서양 횡단 전신 케이블을 설치하는 데 중요한 역할을 한다.

〈모닝 크로니클〉 지는 브루넬 부고 기사에서 다음과 같이 그를 추모했다.

"브루넬은 국가를 위해서는 적임자였지만 불행히도 주주들을 위한 적임자는 아니었다. 돈을 벌기 위해 몸을 숙여야 하지만 브루넬은 절대 고개를 숙이지 않았다. 발명의 역사에서 한 사람이 이토록 대담하게 상상하고 또 성공적으로 실행한 사례는 찾아볼 수 없다."

브루넬이 오늘날 우리에게 남긴 유산은 실패를 두려워하지 않는 도전 정신이 아닐까?

10

근대 화학의 아버지와 어머니

– 앙투안 라부아지에와 마리 안 라부아지에

퀴리 부인은 과학사에서 뿐만 아니라 초등학생들까지 다 아는 이름이 되었으니 세계에서 가장 유명한 과학자 부부는 프랑스의 퀴리 부부일 것 같다. 그런데 그보다도 100년 전에 유명한 프랑스 부부 과학자가 있었다는 사실은 잘 알려지지 않았다. 즉 근대 화학의 아버지라고 불리는 앙투안 라부아지에(Antoine-Laurent Lavoisier)와 근대 화학의 어머니라고 불리는 마리 안 피에레트 폴즈 라부아지에(Marie Anne Pierrette Paulze Lavoisier)가 그들이다.

다방면에서 천재인 라부아지에는 미국 혁명과 프랑스 혁명 시대에 화학이 고대와 중세의 이른바 연금술이나 신비주의 단계를 벗어나 면밀한 과학적 실험과 합리적인 사고방식을 도입하도록 이끈 '화학혁명'의 설계자이다. 또한 정치적 진보주의자로 프랑스 혁명의 지지자였다. 그는 서민과 노동자들의 생활을 개선하기 위한 시설이나 제도를 개혁하고 도량형을 미터법으로 도입하는 등 혁신가로도 활동했지만 아이러니컬하게도 가난한 자를 착취한 반역자로 낙인 찍혀 단두대의 이슬로 사라진 비극적 인물이다.

과학사에서 뛰어난 여성 과학자들의 업적이 인정받지 못한 경우는 너무나 많아서 라부아지에의 부인 마리 안의 역할이 알려지지 않은 것도 그리 놀랄 일은 아니다. 더구나 프랑스 대혁명 와중에 발표된 '인간과 시민의 권리선언' 안에 올랭프 드 구주(Olympe de Gouges)는 여성도 포함시켜 달라고 주장했다가 라부아지에처럼 단두대에서 처형되었다. 그런 광폭한 시대 속에서도 오히려 공포, 비탄, 여성이라는 핸디캡을 장대 삼아 절망의 벽을 뛰어넘은 마리 안. 단두대에서 죽은 남편이 화학 분야에 남긴 유산을 복원시켜 근대화학의 초석을 놓은 그녀의 용기와 강인함은 우리 모두에게 삶의 지표가 되고 있다. 라부아지에 부부에 관한 여러 일화와 마리 안이 근대화학의 어머니라고 불리는 이유를 중점적으로 다루어본다.

근대 화학의 어머니: 마리 안 폴즈 라부아지에

뉴욕 메트로폴리탄 미술관의 유럽 관으로 가는 계단 위 넓은 홀에 신고전주의 화가 자크 루이 다비드(Jacques-Louis David)가 그린 앙투안 라부아지에 부부의 초상이 걸려 있다. 마리 안에게 그림을 가르치던 다비드가 1788년 의뢰를 받아 라부아지에의 연구실을

라부아지에 부부 초상화(자크 루이 다비드 그림)

배경으로 그린 작품이다. 부부의 초상화 옆으로 화학실험 도구들이 보인다.

마리 퀴리가 과학계에서 여성으로서 한 획을 긋기 100년 전 앙투안 라부아지에의 부인 마리 안 폴즈 라부아지에는 남편의 연구 동료이자 번역가, 편집자, 삽화가이며 최초의 여성 연구자들 중 한 사람으로 상당히 진취적인 여성이었다.

라부아지에 부부의 어린 시절

마리 안 폴즈(Marie-Anne Pierrette Paulze, 1758~1836)는 1785년 프랑스의 루아르(Loire) 주에서 학자이자 귀족인 자크와 클로딘 폴즈(Jacques and Claudine Paulze) 부부에게서 태어났다. 의회 변호사이며 금융가인 자크 폴즈는 한때 프랑스 동인도 회사의 책임자로 일하기도 했고 사금융 컨소시엄인 징세 조합의 일원이었다. 루이 16세 정부는 자체적으로 세금을 징수하는 조직이 없어 프랑스에서 가장 부유한 사람들로 이루어진 법인체 '페름 제네랄(The Ferme Générale)'에게 세금을 징수할 수 있는 독점권을 팔았다. 이 투자자들은 정부에 세제(稅制) 수입을 올려주는 거액의 돈을 지불하고 대신 관세, 소비세 그리고 간접세에 상당한 수수료를 붙여 세금을 대리 징수했다.

이 제도는 마치 조선시대 때 왕을 위해서 지배계층이 백성들의 세금을 대납하고 추수 때 높은 이자를 붙여 징수하던 제도와 유사하다. 여하튼 17~18세기에 엄청나게 부유한 징세 조합의 조합원들은 파리 유행의 선봉에서 호화로운 예술의 소비자이며 그림과 조각의 주요 수집가이자 프랑스 음악의 지지자로 또 문화 후원자로서도 중요한 인물들이었다.

1761년 마리 안이 세 살 때 어머니가 사망하자 그녀는 수녀원에 맡겨져 정식 교육을 받으며 자랐다. 1700년대의 수녀원이나 수도원 학교는 교육과 문학에 관한 자료와 책들을 많이 보유하고 뛰어난 교육기관으로서의 역할을 했다.

앙투안 라부아지에(1743~1794)는 1743년 파리의 부유한 가정에서 출생했는데, 아버지는 당시 유명한 변호사였다. 그는 마자랭 대학에서 화학, 식물학, 천문학과 수학을 공부했고, 아버지의 영향으로 마자랭 대학에 이어 법과 대학에서 법학을 공부했다. 하지만 변호사로 활동한 적은 없고 오히려 그는 과학 연구에 집중하는 데 열정을 쏟았다. 라부아지에는 주로 지질학에 관한 과학적 업적을 인정받아 1768년 당시 가장 유명한 과학 엘리트 집단인 프랑스 과학학술원에 25세라는 젊은 나이에 준회원으로 선출되었다. 그리고 같은 해 돈을 투자하여 징수 조합인 페름 제네랄의 일원이 되었다.

한편 재정적 어려움을 겪고 있던 50세의 아메르발(Amerval) 백작은 금전적 어려움을 해결하고자 1771년 자크 폴즈의 딸인 마리 안 폴즈에게 청혼하는데 그녀의 나이는 고작 13세였다. 수녀원에서 집으로 돌아온 마리 안이 37살이나 연상인 백작의 청혼을 거부하자, 아버지 자크 폴즈는 딸과 자신이 난처한 상황에서 빠져나올 수 있는 유일한 길은 재빨리 딸에게 적당한 혼처를 마련해 주는 것이라고 생각한다. 그래서 화학자·지질학자로 이미 프랑스 학술원 회원이고 본인도 부자이고 귀족이면서 징세 조합에서 같이 조합원으로 있는 라부아지에한테 자신의 딸과의 결혼 의사를 물어본다. 28세의 라부아지에는 청혼을 받아들였고 14살의 마리 안 폴즈는 급하게 1771년 12월 결혼하여 마리 안 폴즈 라부아지에가 되었다.

당시로는 최첨단 실험 장치를 갖춘 라부아지에 실험실

결혼과 실험실 연구 동료

결혼을 한 후 마리 안은 남편의 연구에 관심을 가지게 되면서 두 사람의 실험 파트너로서의 협력이 시작되었다. 라부아지에는 징세 조합에서 계속해서 일했으나 1775년 루이 16세 즉위 후 화약 행정기관의 4명의 책임자 중 한 사람으로 임명되었다. 이 행정기관은 화약의 관리와 제조 및 성분을 규제하는 왕립기관으로, 라부아지에 부부는 실험실과 주택이 딸린 파리의 왕립 병기창에 거주했다.

라부아지에는 프랑스에서 당시 가장 뛰어난 화학자의 한 사람인 기욤 프랑수아 루엘(Guillaume-François Rouelle)의 강의도 듣고 이미 실험 실습을 받았던 터라 이곳에서 화학에 대한 관심을 맘껏 펼칠 수 있었다. 그는 양가 집안으로부터 받은 막대한 유산과 자신이 징세조합에서 번 돈으로 재정적으로 충분한 여유가 있어 당시로는

연소를 입증하기 위해 다이아몬드를 태워 없앴다

엄청난 규모의 최첨단 실험 장비를 갖춘 실험실을 마련했다. 그러자 전 유럽에서 젊은 화학도들이 당시 진행 중인 화학혁명을 배우기 위해 그의 실험실을 방문했다.

라부아지에는 화약 성분들의 순도를 유지하고 분말의 과립화 방법을 개선하여 좀 더 좋은 화약을 만들어내는 데 성공하여, 그 결과 프랑스제 화약의 양과 질이 매우 좋아져서 화약은 정부의 주요 재원이 되었다. 그런데 라부아지에의 실험실 조수로서 화약 제조법을 배운 엘뢰테르 이레네 뒤퐁(Éleuthère Irénée du Pont)은 프랑스 혁명 동안 미국으로 이민 가서 미국의 품질 낮은 화약 대신 라부아지에한테 배운 방식으로 화약을 만들어 막대한 부를 축적하고 오늘날 세계적 굴지의 회사인 뒤퐁의 창업주가 된다.

라부아지에 부부는 1775~1792년 동안 왕립 병기창에서 살면서 함께 연구를 한다. 마리 안은 남편의 연구에 대해 깊은 흥미를 느끼며 연구를 돕기 위해 당시 라부아지에의 동료이자 추종자인 장 밥티스트 뷔켓(Jean Baptiste Bucquet, 1771~1841)과 필립 징자브르(Philippe Gingembre, 1764~1838)로부터 화학과 실험 방법에 대한 교육을 정식으로 받았다. 이 기간 동안 그녀는 독일어, 영어, 라틴어를 마스터했으며, 유명한 화가 자크 루이 다비드에게서 그림과 판화를 배웠다.

라부아지에 부부의 가장 중요한 업적들 중 하나는 연소에 대한 것인데, 그들은 연구의 많은 부분을 연소반응과 생성물을 관찰하고 해석하는 데 바쳤다. 이미 1772년 라부아지에는 다이아몬드를 사서 유리병 속에 넣고 앞의 그림에서 보는 것처럼 엄청난 크기의 확대경으로 햇빛을 다이아몬드에 비쳤다. 다이아몬드는 타서 완전히 사라졌으나 병의 전체 무게는 전과 동일했다.

라부아지에는 연소 결과 기체가 생성된 것을 깨닫고 이 결과로부터 질량보존의 법칙이 적용한다는 것을 인지했다. 또한 거대 확대경으로 다이아몬드나 숯이나 태우면 똑같은 기체, 즉 이산화탄소가 생성됨을 확인하고 이 둘은 똑 같은 원소의 다른 형태 즉 동소체이며, 다이아몬드와 숯의 원소를 탄소라고 명명했다.

라부아지에 부부는 화학혁명 동안에 과학적인 방법을 화학에 적용

라부아지에 부부의 호흡 실험

하여 천칭(저울)을 사용하는 등 정량적인 연구에 주력하였으며, 마리 안은 실험 스케줄을 정하고 실험과정과 데이터를 꼼꼼히 기록했다.

18세기는 연소과정을 설명하는 플로지스톤설이 화학계를 풍미하던 시절이었다. 그녀는 영어, 라틴어, 프랑스어, 독일어에 유창하여 다양한 플로지스톤에 관한 논문을 남편이 프랑스어로 읽을 수 있도록 번역하였으며 또한 라부아지에 논문들과 단행본들을 라틴어와 영어로 번역하고 설명을 덧붙였다. 아마도 가장 중요한 번역은 리처드 커원(Richard Kirwan)의 저서 《플로지스톤과 산의 조성에 관한 에세이(Essay on Phlogiston and the Constitution of Acids)》로 그녀는 이를 프랑스어로 번역하면서 논문에서 나타나는 오류를 주석으로 달아 비판했다.

1788년 마리 안은 당시의 쟁쟁한 화학자 조셉 프리스틀리(Joseph

Priestley)와 헨리 캐번디시(Henry Cavendish)의 플로지스톤에 관한 논문들도 번역하여 중요한 정보를 남편에게 제공했으며, 그 덕분에 라부아지에는 플로지스톤 이론이 잘못되었다는 것을 확신하고 새로운 연소설을 제창하여 궁극적으로 100년 동안 뿌리 깊던 플로지스톤설을 폐기시킬 수 있었다.

라부아지에는 연소란 산소와 결합하는 화학반응을 의미하며 또한 호흡 현상도 연소의 한 형태라고 생각했다. 그는 동물과 사람이 산소를 흡입하여 이산화탄소를 토해내는 것을 라플라스와 함께 고안한

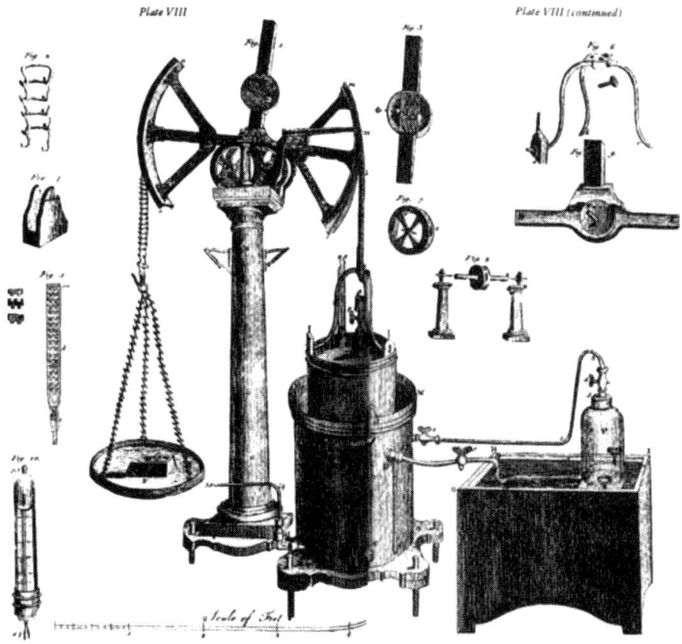

《기초화학 총설》에 들어간 삽화. 마리 안이 직접 그렸다

빙열량계(氷熱量計)를 가지고 실험했으며 호흡이 연소와 동일한 것이라는 점을 밝혔다. 앞의 그림은 사람이 호흡하는 동안 산소를 소비하는 것을 측정하는 실험을 나타내는데 맨 오른쪽 테이블에 마리 안이 앉아서 데이터를 기록하고 있다.

1789년 라부아지에가 출판한 인기 있는 최초의 근대화학 교과서 《기초화학 총설(Treatise on the Elements of Chemistry)》은 화학을 계통적으로 정리하였을 뿐 아니라 질량보존의 법칙, 연소설, 원소들의 목록과 화학물 명명법에 대한 새로운 체계를 담고 있다. 마리 안은 13개의 동판을 만들어 각 실험에서 사용된 모든 기기와 장비들의 삽화를 이 책에 넣었으며, 논문에 수록된 기기와 실험 삽화도 그녀가 직접 그렸다.

프랑스 혁명과 라부아지에의 죽음

프랑스 혁명이 동력을 얻게 되면서 민중들의 불만을 사고 있던 징수조합은 1791년 폐지되었고 이듬해 라부아지에는 화약 행정기관 책임자 자리마저 내놓게 되었다. 게다가 왕립 병기창에 딸린 주택과 실험실도 떠나야 했다. 라부아지에는 사회적·정치적으로 진보적이어서 공장 노동자를 위한 제조업 방식의 개선, 파리의 가로등과 물 공급의 개선, 도량형을 미터법으로 전환하는 것을 포함해 많은 제도적 개혁을 했지만 당시 혁명의 회오리 속에서 부자 귀족에다 징수조합

코르데가 마라를 살해하는 장면을 그린 H. Grobet의 작품

의 일원이라는 사실만으로도 비판을 피해갈 수 없었다. 1793년 8월 8일 국민공회는 과학 학술원을 비롯한 모든 학구적 학술원들을 폐지했다.

프랑스 혁명의 공포시대를 이끈 3명의 거두는 로베스피에르, 당통, 마라(Jean-Paul Marat)인데 그 중 마라는 라부아지에의 오랜 숙적으로 그에게 원한을 품고 있었다. 동물 자기(animal magnetism)를 지지하던 마라가 프랑스 과학 학술원의 회원이 되고자 신청했을 때 회원이었던 라부아지에는 '동물자기'가 순전히 상상의 결과물이라면서 그의 입회를 거부한 악연이 있었다.

동물 자기(animal magnetism)
동물의 몸에 자기(磁氣)와 비슷한 힘이 흐른다는 이론

1793년 12월 24일 군인들이 라부아지에 실험실에 들이닥쳐 그를 체포했다

마라는 격노했고 공포의 시대가 달아오르자 라부아지에를 공격하는 데 혁명을 이용했다. 그는 징세조합의 일원인 라부아지에가 민중을 착취했다며 맹렬히 비난했다. 그런 데다 다이아몬드가 단순히 숯과 동소체라는 것을 증명하기 위해 다이아몬드를 태우는 라부아지에의 괴상한(?) 행동도 혁명가들의 염장을 질렀는지도 모르겠다. 여하튼 1793년 11월 24일 모든 징세 조합원들에게 체포 명령이 내려졌으며, 1793년 12월 24일 군인들이 라부아지에 실험실에 들이닥쳐 그를 체포했다.

마리 안은 남편을 석방시키기 위해 많은 유명 인사들과 과학자들에게 백방으로 도움을 요청했으나 아무도 그를 돕겠다는 사람이 없었다. 이 사실을 라부아지에 부인은 나중까지 절대로 잊지도 용서하지도 못했다. 한편 공포정치의 거두 중 한 사람인 마라는 라부아지에보다 일 년 먼저 목욕을 하다가 샤를로트 코르데(Charlotte Corday)에게 암살 당했고 코르데도 체포되어 단두대로 보내졌다. 그녀는 처형당하기 전 "나는 10만 명을 구하기 위하여 한 사람을 죽였다"라고 말했다.

1794년 5월, 혁명재판소 법정에 서게 된 라부아지에가 연구를 계속하도록 목숨만은 살려달라고 탄원했지만 당시 판사는 "공화국은 과학자나 화학자를 필요로 하지 않는다. 법의 정의를 집행하는 것을 연기할 수 없다"라고 했다.

라부아지에는 1794년 5월 8일 50세의 나이로 그의 장인 자크 폴즈와 다른 26명의 피고들과 함께 단두대에서 처형당했다. 유명한 수학자 라그랑주(J. L. Lagrange)는 이 사건을 전해 듣고 "그의 머리를 베어버리는 데는 한순간으로 충분하지만, 같은 머리를 만들려면 100년도 더 걸릴 것이다"라며 매우 비통해 했다.

미망인 마리 안 라부아지에의 삶

마리 안은 아버지와 남편의 죽음을 애도할 시간조차 없었다. 라부아지에가 단두대에서 처형된 지 며칠 후 모든 재산은 압류당했고 그녀는 바스티유 감옥에 강제로 끌려가 65일 동안 갇혀 있다가 동전 한푼 없는 파산 상태로 풀려났다. 전에 집에 하인으로 있던 사람이 그녀를 자기 집에 받아들인 것이 그나마 위안이었다. 10년 넘는 라부아지에의 혁명적 화학 연구들이 1년도 채 안 되어 무용지물로 여겨졌다.

라부아지에의 혁명 재판

라부아지에의 처형

마리 안은 천천히 라부아지에의 실험도구, 자료들, 연구 업적들을 되찾기 위하여 투쟁했다. 라부아지에가 단두대에서 처형된 지 1년 반 후 혐의를 벗고 프랑스 정부에 의해 복권되자 그녀는 압류되었던 사유지와 도서관을 돌려받았다. 백색테러 동안 압류되었던 라부아지에 개인 소지품이 마리 안에게 전달될 때 '억울한 누명을 쓴 라부아지에의 미망인에게'라는 메모가 붙어 있었다.

감옥에서 나온 이후 수년 동안 그녀는 출판하지 않은 남편의 연구 논문들을 수집하고 유명한 화학 논문집 〈화학 견문록(Mémoires de Chimie)〉 두 권을 포함해 다른 논문들을 직접 출판했다. 몇 년이 지난 후 라부아지에를 위한 많은 공식적인 행사가 열리고 군중들이 몰려들었지만 마리 안은 참석하기를 거부했다.

그 후 마리 안 라부아지에는 파리에서 상류계 지식인들의 사교 장소인 '과학 살롱'을 열었다. 그녀의 과학 살롱을 드나들던 몇몇의 유명인들이 그녀에게 구혼을 했는데, 그 중에는 화학계의 거물인 뒤퐁 회사 설립자의 아버지 피에르 사무엘 뒤퐁(Pierre Samuel Dupont de Nemours)과 모험가이며 악당이라는 비난도 받는 영국의 물리학자 럼퍼드 백작도 있었다. 피에르 사무엘 뒤퐁은 프랑스 혁명 동안 단두대로 보내질 뻔했으나 겨우 목숨을 건지고, 후에 미국으로 가족들과 함께 이민을 갔다.

럼퍼드 백작은 황동으로 만들어진 대포에 구멍을 뚫을 때, 마찰

럼퍼드 백작

열로 인해 대포가 뜨거워지는 사실로부터 기계적인 일과 열의 관계를 알아내어, 열소설(熱素說, Caloric theory)을 뒤엎고 열은 운동의 한 형태임을 주장한 유명한 물리학자이며 영국 왕립학회 설립자이다.

의지가 강한 마리 안은 처음부터 럼퍼드 백작에게 결혼 후에도 라부아지에의 이름을 유지하겠다고 요구했고 결국 럼퍼드는 이에 동의하여 그녀는 마담 라부아지에 드 럼퍼드가 되었다. 그러나 독립적이고 의지가 강한 마리 안과 럼퍼드는 성격이 너무 맞지 않아 결혼 생활은 시작하자마자 삐걱거렸다. 럼퍼드가 자신의 돈을 빼앗고 활동에 제약을 가하자 화가 난 그녀는 럼퍼드가 수집해 놓은 꽃들에 끓는 물을 끼얹었다고 한다. 결국 그들은 4년 후 이혼하고 그 후 그녀는 자신의 인생의 나머지 27년을 화학을 후원하고 대중화하는 데 바쳤다.

마리 안은 78세의 나이로 사망하기 전 거의 모든 라부아지에의 실험노트와 화학 실험 기구들을 회수할 수 있었으며 지금은 그 대부분을 코넬대학에서 소장하고 있다.

일생 동안 과학계에 바친 마리 안의 용기와 강인함, 그리고 헌신과 기여에도 불구하고, 그녀는 이름 없는 영웅으로 남아 있다. 마리 안 라부아지에가 오늘날 화학의 많은 측면에서 기초를 마련한, 새로운 화학의 길을 닦은 '근대 화학의 어머니'로 재평가 받기 시작한 것은 비록 때늦은 감은 있지만 다행스러운 일이다. 그녀의 일생은 두 명의 유명한 과학자와의 극적인 결혼, 과학혁명, 단두대, 바스티유 감옥, 파리 사교계 등 롤러코스터 같은 요소로 점철된 한권의 소설 같다.

CHAPTER 3

과학자의 윤리

11

59층 시티 은행의 붕괴를 막은 엔지니어

– 윌리엄 르메시리에의 직업 윤리

우리 사회에 크나큰 충격과 슬픔을 주었던 2014년 4월 세월호 참사 이후 국가의 방재·재난 시스템이 얼마나 나아졌는지를 묻는 한 여론조사에서 국민들 대다수는 별로 나아진 것이 없다고 답했다. 완공을 앞두고 있는 아파트가 붕괴되는가 하면 세월호 비극이 채 잊혀지기도 전에 2022년 핼러윈 데이에 믿을 수 없는 대형참사가 일어났다.

1945년 광복 이후 일어났던 대형 재난 사고들 중 몇 가지만 열거해보면 다음과 같다.

와우 5층 아파트 붕괴(1970년: 사망 33명 부상 39명), 대연각 호텔 화재(1971년: 168명 사망, 68명 부상), 서해 페리호 침몰(1993년: 292명 사망, 70명 부상), 성수대교 붕괴(1994년: 32명 사망, 17명 부상), 아현동 도시가스 폭발(1994년: 사망 12명, 부상 101명), 삼풍 백화점—지상 15층 지하 4층—붕괴(1995년: 501명 사망, 937명 부상), 대구 지하철 가

스폭발(1995년: 101명 사망, 202명 부상), 세월호 참사(2014년, 304명 사망) 등이 있다.

그동안 대형 재난사고가 발생할 때마다 정부는 그에 대한 대응책을 발표하지만, 전시행정용이라는 느낌만 주고 오히려 재난재해는 대형화·복합화되어갈 뿐이다. 그렇다면 무엇이 문제일까?

우리나라는 해방 이후 불과 70여 년 동안 세계 최빈국에서 OECD 국가의 일원이 되는 압축 성장을 하면서 모든 것을 '빨리 빨리' 하려는 탐욕과 이기심에 무감각해진 탓도 있는 것 같다. 이러한 대형 사고를 막으려면 정부의 체계적인 방재·재난 컨트롤타워도 중요하다. 그러나 그것을 실천에 옮기려면 국민 의식과 각계각층의 직업윤리가 어떠해야 하는지를 1978년, 뉴욕 맨해튼에서 있었던 59층 초고층 빌딩의 붕괴를 막은 구조 공학자 윌리엄 르메시리에(William LeMessurier)의 일화를 통해 살펴본다.

59층 시티코프 센터(Citicorp Center)의 위기

시티코프 센터(현재 시티그룹 센터)는 뉴욕시 스카이라인에서 가장 눈에 띄는 건물이다. 1977년에 약 1억 9500만 달러의 건축비가 든 이 건물은 외벽이 유리와 금속으로 덮여 있고, 무게는 2만 5000톤에 달하며 당시 세계에서 7번째로 높은 59층짜리(279미터) 타워이다.

시티코프 건물과 설계자 르메시리에

이 빌딩은 독특하게도 지붕은 45도 각도로 기울어져 있고 건물의 기단은 35미터 상공에 자리잡고 있으며 기존의 벽면이 아닌 이례적으로 측면 중앙에 배치된 4개의 거대한 강철 기둥과 콘크리트 기둥이 건물을 지탱하고 있다. 이 기둥들이 59층 높이의 타워를 마치 렉싱턴 애비뉴 거리 위로 우아하게 솟아 있는 것처럼 보이게 했다. 시티코프 센터는 기술적 우수성과 아름다움으로 상당한 호평을 받고 있음에도 불구하고, 바로 이러한 혁신적인 디자인 요소들이 엄청난 규모의 대재앙의 원인이 될 수 있었다. 그렇다면 대재앙을 부를 수 있는 독특한 건축 디자인이 나오게 된 배경은 무엇이었을까?

1960년대 초, 맨해튼의 파크 애비뉴에 위치한 시티코프 본사는 회사의 지속적인 성장과 확장에 비해 공간이 너무 좁았다. 시티코프는 5년 동안 약 4천만 달러를 지불하고 성베드로 교회가 있는 전체 블록 중 교회 부지를 제외한 모든 땅을 구입하여 새 건물을 세울 계획을 세웠다.

그런데 마침 렉싱턴 애비뉴 54번가 북동쪽 모퉁이에 위치한 성베드로 교회는 1905년에 지어져 대대적인 수리가 필요했고 교회 부지를 파는 것도 고려하던 중이었다. 그런데 교회가 씨티코프에 부동산을 매각하면서 내세운 중요한 조건은, 블록 모퉁이에 위치한 낡은 교회를 부수고 같은 자리에 시티코프 건물과 연결되지 않은 새로운 교회를 건설해야 한다는 것이다. 게다가 은행 건물을 지지하는 벽과 기둥이 새로 지은 교회를 지나가지 않아야 한다는 조건이었다. 고층 빌딩을 건설하는 데 부과된 위와 같은 제한 조건은 디자인 및 공학상 심각한 난관이자 도전이었다.

1974년 초, 시티은행은 새 건물의 건축가로 스터빈스(Hugh Stubbins)를 고용했는데, 그는 약 20년 전부터 회사를 운영하며 고층 프로젝트를 설계한 경험이 있었다. 당시 뉴욕시에서 건축가 스터빈스의 구조 컨설턴트는 저명한 구조 공학자인 르메시리에(William LeMessurier, 1926~2007)였다. 르메시리에는 교회가 내세운 조건을 어떻게 해결할지 고민하다가 교회 위로 빌딩을 들어올리는 방법을 생각한다. 기존의 교회가 북동쪽 코너에 위치하고 있기 때문에 건물

건물을 떠받치고 있는 중앙 기둥

의 모서리 대신 건물 중앙에 높은 강철기둥 4개와 지지용 기둥으로 건물을 들어올리기로 한다.

르메시리에는 건물 외벽 가운데 놓인 기둥에 하중을 전달하는 구조용 역 V형 가새(chevron bracing, 수평 방향 힘에 대한 보강재로 대각선 방향으로 덧대는 것)를 채택하여 구조물의 측면 안정성을 향상시키고자 했다. 대략 2만 5000톤의 강철 상부 구조는 비슷한 규모의 다른 고층 건물들보다 상당히 가벼웠고, 상대적으로 가벼운 무게로 인해 바람이나 지진에 의해 건물이 흔들릴 수 있다는 점은 설계 단계서부터 고려한 사항이다. 따라서 그는 역 V형 가새 골격 외에도 150만 달러를 들여 45도의 경사진 지붕 속에 미국 최초로 동조진동감쇠기(TMD; Tuned Mass Damper)를 설치했다.

학부 학생의 질의와 르메시리에의 반응

1977년 시티코프 센터가 완공된 후 1년이 지난 1978년 6월, 프린스턴 대학의 건축과 학생인 다이앤 하트리(Diane Heartly)는 고층 건물에 대한 〈주요 오피스 복합체의 의의: 과학적·사회적·상징적 의미〉라는 주제로 학부 논문을 쓰고 있었다. 그녀는 르메시리에 회사에서 일하는 엔지니어에게 논문 작성에 필요한 빌딩의 구조 계획 및 공학적 계산 자료를 요청한다. 다이앤은 자료를 받아 자신이 직접 계산을 하면서, 이와 같은 건물의 구조는 기존의 건물처럼 모서리 4곳에 기둥을 두었을 때 벽면에 직각으로 부는 바람이 최악의 하중을 나타내는 경우와는 사뭇 다르다는 것을 깨닫는다. 즉 건물 벽의 중간에 기둥이 있는 경우 구조물의 안정도는 벽에 직각인 바람보다 대각선 방향의 바람에 의해서 더 큰 위험에 놓인다는 것이다.

다이앤은 르메시리에 회사의 엔지니어에게 자신이 계산한 바로는 구조물이 대각선 방향의 바람을 충분히 견딜 수 없어 위험하다고 말했지만, 엔지니어는 그녀가 계산한 것보다 빌딩이 훨씬 더 안전하다고 확신시킨다. 다이앤은 졸업 논문에 자신의 계산에서 나타난 빌딩의 위험성과 회사 직원의 반응을 모두 적어 제출했다. 담당 교수였던 빌링턴(David Billington)은 그녀의 논문에 대한 논평에서 대각선 방향의 바람에 대한 건물의 안정성에 문제가 있다고 인정했지만, 학부생인 다이앤은 르메시리에 회사의 명성과 전문성을 존중하여 더 이상 그 문제를 회사에 말하지 않았다.

한편 하버드 대학에서 구조공학을 가르치던 르메시리에는 회사의 엔지니어로부터 다이앤의 이야기를 전해 듣고, 이 케이스가 바람 하중 강의에 관한 흥미로운 자료가 될 것이라고 생각했다. 당시 뉴욕 시는 가끔씩 불어닥치는 허리케인급 직각 바람이 건물에 미치는 힘을 고려하여 건축 법규를 만들었다. 따라서 시티 빌딩은 뉴욕시의 건축 법규를 완벽히 준수하여 건설되었기 때문에 르메시리에는 순전히 호기심에서 자신의 건물에 가해지는 대각선 방향의 바람 하중을 계산해 보았다. 놀랍게도 45도 바람의 하중이 일부 구역에서 40% 증가한다는 것을 발견하고 고민에 빠졌다. 게다가 시공 회사가 원래 르메시리에가 지정한 용접 접합 대신 볼트 접합을 했다는 것도 최근에 알게 되었기 때문이다.

용접 접합은 그 강도가 일반적으로 금속 자체보다 강하지만, 볼트 접합도 기술적으로 인정되기 때문에 시공 회사는 비용 절감 차원에서 훨씬 저렴한 볼트 접합을 택한 것이었다. 설상가상으로 볼트의 간격을 결정할 때, 보다 강한 대각선 풍하중이 아닌 직각 바람만 고려했다. 그뿐 아니라 추가 분석 결과, 대각선 바람에 의한 장력이 40% 증가하면 볼트에 가해지는 압력은 160% 증가하는 것으로 나타났다. 설계 안전 계수를 감안해도 건물은 그러한 증가를 감당 못해 허리케인급 강한 바람에 붕괴될 수 있었다. 건물의 설계와 시공에 관여한 어느 누구도 이만큼 심각한 일이 일어날 수 있다고 상상한 사람은 아무도 없었는데, 그러나 이제 그런 재앙이 가능한 것으로 나타난 것이다.

기상 분석 결과 뉴욕은 역사적으로 16년에 한 번씩 건물이 붕괴될 정도인 시속 112킬로미터의 태풍을 맞았는데, 이는 건물이 1년 안에 무너질 가능성이 16분의 1에 달한다는 것을 의미한다. 지붕에 설치한 동조진동감쇠기(TMD: 외부의 진동에너지를 흡수하여 진동을 제어하는 장치)가 그 가능성을 55분의 1로 줄이지만, 전기로 작동하는 TMD는 태풍 속에 쉽게 정전이 될 수 있다. 그는 계산 결과를 확인하기 위해 캐나다 온타리오에 가서 풍동 실험을 하고는, 자신의 이론적 예측이 정확할 뿐만 아니라 실제 풍하중이 훨씬 더 강해질 수 있다는 것을 발견한다. 르메시리에는 각 층을 연결하는 이음매(joints)들을 정밀 조사한 후, 30층이 가장 취약하다고 판단했다.

르메시리에의 용기 있는 선택

르메시리에는 앞으로 자신에게 닥쳐올 수 있는 엄청난 재앙에 직면해 있었다. 더욱 괴로운 것은, 벌써 7월 말이었고 허리케인 시즌은 보통 11월에 시작될 것이다. 그는 이제 이 문제에 대해 세 가지 선택, 즉 침묵하거나, 다른 사람에게 책임을 전가하거나 또는 잘못을 자신이 인정하는 것에 봉착했다. 만일 그가 침묵하고 앞으로 16년 안에 빌딩이 붕괴되는 경우, 밀집한 빌딩의 도미노 현상으로 대략 20만 명의 사상자가 발생할 것으로 추정되었다. 그러나 절대 붕괴가 일어나지 않을 수도 있다. 또 다른 선택은 다른 사람에게 책임을 떠넘기는 것으로 시공사가 비용상의 문제로 르메시리에의 원래 설계에 따라

용접 이음을 하지 않고 볼트 이음을 한 때문이라고 할 수 있다. 마지막으로 만일 자신의 책임이라고 한다면 르메시리에는 소송, 파산, 그리고 구조 엔지니어로서의 커리어는 불명예로 끝날 것이다. 지독한 번민 속에 당시 자살까지 생각했음을 그는 훗날 언급했다.

그는 미국 전문엔지니어협회(NSPE) 윤리 강령 첫 번째인 "엔지니어는 국민의 안전, 건강 및 복지를 최우선으로 해야 한다"는 규범을 따르기로 결심한다. 자신의 개인적 이익, 명예나 지위 등을 고려하기보다 '사회적 의무'가 우선해야 한다고 생각하고 8월 2일, 먼저 씨티코프의 건축가 스터빈스에게 문제를 알려 본질적으로 자신의 과오를 털어놓았다.

곧이어 시티코프, 보험사, 변호사 등과 함께 위험 관리 및 구조 강화 방안을 놓고 복잡한 비밀회의가 이어졌다. 르메시리에와 스터빈스는 시티코프 회장 월터 리스턴(Walter Wriston)과 만나 직접 이 사실을 알렸다. 리스턴은 빌딩의 붕괴 위험과 결함을 시정하기 위한 해결책을 들었는데, 1억 9500만 달러를 들여 불과 1년 전에 완공한 신축 초고층 건물이 붕괴될지도 몰라 보수해야 한다니 아마 부처님이라도 화를 낼 법하다. 그런데 르메시리에는 씨티코프 회장에 대해 "리스턴은 환상적이었어요. 그는 격노하여 나를 비난하거나 적대적으로 대하지 않고, 오히려 보수 작업이 잘되도록 도와주겠다고 했지요"라고 말한다.

르메시리에가 세운 구조 강화 방안은 두께 2인치, 길이 6피트짜리 강철판을 200개 이상의 볼트 연결부에 용접하는 것이다. 시티코프는 필요한 재료와 노동력을 즉시 확보할 수 있도록 승인했으며 마지막으로 기상 전문가와 기상 예보관은 매일 네 번 기상과 풍향을 보고하도록 조치했다. 또한 같은 날 시티코프는 미국 적십자사 뉴욕 메트로폴리탄 지역의 재난 서비스 책임자를 만나 대피 계획을 논의했다. 뉴욕시장의 비상대책반과 경찰청이 포함되었으며 예측된 바람이 위험한 수준에 도달할 경우에 대비하여 계획이 수립되었다. 빌딩이 무너지면 20만 명의 사상자가 발생한다고 추정되어 적십자사의 대피 계획에는 반경 열 블록까지 포함되었다.

회사의 위기관리팀은 만일 시티코프 빌딩 구조의 치명적 결함이 대중에게 알려진다면 걷잡을 수 없는 공황 상태가 발생할 것으로 판단하고, 윤리적 갈림길에서 대중에게 경고하지 않는 것이 최선이라고 결정한다. 대신 다음 달까지 빌딩에 사소한 정비와 구조 강화 작업을 한다는 모호한 보도자료를 발표하는데, 운 좋게도 이 기간 동안 주요 신문의 기자들이 파업 중이었기 때문에 아무도 그 이야기를 자세히 추적하지 않았다.

그러나 보수 작업은 11월 이전에 끝나야 하고 시계는 바삐 돌아가고 있었다. 오후 8시에 시작된 용접은 새벽 4시까지 계속되었고, 첫 번째 사무직원이 출근하기 전에 공사판은 치워졌다. 르메시리에는 최대한 효율적 방법으로 건물을 보수하기 위해 용접공이 가장 취약한 연결부부터 작업하도록 모든 과정에 우선순위를 부여했다. 용접공들이 제때에 용접을 완료하기 위해 사력을 다하고 있을 때, 임시 지휘소에는 8월 30일 버뮤다 남쪽에서 형성된 허리케인 엘라(Ella)가 뉴욕시를 향해 시속 200킬로미터로 다가오고 있다는 끔찍한 소식이 들려왔다.

위기관리 팀은 공개적으로는 침착한 태도를 유지했지만, 뉴욕시장의 비상관리실과 연계하여 태풍 경보가 발생할 경우에 대응하는 계획을 마련했다. 이 계획에 따르면, 건물과 주변 주민들이 대피할 경우 적십자는 2천 명의 인력을 동원해 임시 대피소와 음식을 제공하게 된다. 공포스러운 대피 계획이 발효되기 불과 몇 시간 앞으로 다가왔다.

하늘도 감동을 했나?

르메시리에가 시공사에 책임을 돌리지 않고 문제점을 정직하게 고백한 데 대하여 시티그룹 사장단, 뉴욕시 관계자 그리고 시공사가 감동하여 그에게 긍정적으로 협조했던 것처럼 허리케인 엘라도 감동을 했던 것일까? 태풍은 기적적으로 방향을 바꿔 바다로 향했다. 일단 재앙은 피했지만 용접은 계속되었고, 여학생의 전화를 받은 지 4개월 만인 10월에 보수가 완료되었다. 시티코프 건물은 동조진동감쇠기를 가동하지 않고도 700년 만의 대형 허리케인을 견딜 수 있는, 뉴욕시에서 가장 안전한 마천루 중 하나로 우뚝 서게 되었다.

그렇다면 총 보수 비용은 얼마나 들었을까? 최소 400만 달러에서 800만 달러가 들었을 거라고 추정하는데, 시티코프는 비용 공개를 거부했다. 이러한 문제가 생기면 보통 소송과 비난이 난무하는데 시티코프의 접근 방식은 현저히 달랐다. 르메시리에가 보험 가입 액수인 200만 달러를 제시하자 시티코프는 그대로 받아들였으며, 어떤 소송도 제기하지 않아 르메시리에와 스터빈스는 재산상으로나 명예로나 타격을 받지 않았다.

'59층 빌딩의 위기'라는 기사를 읽으면서 구조공학자 르메시리에가 보인 직업윤리뿐만 아니라 씨티코프, 건설사, 뉴욕시 관계자, 경찰청 모두 서로 긴밀하게 협조하여 마치 톱니바퀴처럼 정확하게 위기에 대응하는 태도가 인상적이었다. 또한 학부 학생임에도 공부한 것을 종합하여 제대로 졸업논문을 쓰고, 그 논문을 교수가 일일이 읽고 논평을 써주는 것, 어린 학부생이 시티 빌딩의 구조 자료를 요구할 때 무시하지 않고 내어준 르메시리에 회사 직원의 태도, 치명적인 문제가 있을 때 정직하게 말할 수 있도록 만드는 시티코프 회장의 통 큰 결단도 인상적이다.

요즘 크고 작은 사건들로 혼란한 우리 사회를 보면서 기업가, 공직자, 법조계, 언론계, 정치가, 교육계, 종교계 등 소위 지도층 인사들의 도덕성과 직업윤리가 더 중요하게 느껴져 르메시리에 이야기가 새삼 가슴을 울린다.

12

발명 영웅에서 환경 파괴범으로 추락한 스타 과학자

- 토머스 미질리

기원전 5세기경 그리스의 철학자 헤라클레이토스(Heraclitus)는 "인생에서 유일하게 영원한 것은 변화이다"라는 명언을 남겼다. 동양의 고전 《주역》도 "모든 것은 변한다. 단 한 가지 변하지 않는 것은 모든 것은 변한다는 사실이다"가 핵심 내용이다. 같은 맥락의 고사성어를 보면 월영즉식(月盈則食: 달이 차면 기운다), 영고성쇠(榮枯盛衰: 성함과 쇠퇴함이 일정하지 않다), 화무십일홍(花無十日紅: 열흘 붉은 꽃이 없다), 권불십년(權不十年: 권력이 10년을 가지 못한다) 등이 있다. 어떤 문명이나 국가, 사회는 말할 것도 없고 이러한 사인(sine) 곡선의 개인 운명을 미리 헤아릴 수 있는 헤라클레이토스의 혜안을 가졌다면, 아마도 한창 잘나갈 때 좀 더 겸손해질 수밖에 없을 것 같다.

노벨 평화상은 그렇다 치더라도, 과학자로서 최고의 영예라고 하는 노벨상 수상자들 중에도 획기적인 업적이 훗날 실상은 오류라는

토머스 미질리

것이 판명된 경우들이 있다. 가령 1926년 노벨 생리·의학상을 수상한 덴마크의 병리학자 피비게르(Johannes Fibiger)의 사례가 그렇다. 시간이 지날수록 최첨단 기기들과 최신 이론의 발달로 어쩌면 어제의 진리가 오늘 날에는 오류로 판명될 수도 있다는 생각이 든다. 그런데 정치가도 아니고 시대를 앞서가는 과학자도 아닌 우리의 생활을 윤택하고 풍요롭게 해주는 발명가에 대한 평가도 시대에 따라 달라진다는 사실이 매우 흥미롭다.

토머스 미질리(Thomas Midgley Jr. 1889~1944)는 1944년 사망할 때까지만 해도 20세기의 위대한 발명가 중 한 명이었다. 그는 117개의 특허를 냈는데 그 중 가장 유명한 두 발명품은 노킹 방지제(Tetra

Ethyl Lead: TEL)가 든 유연가솔린(유연가솔린 산업의 시작)과 냉장고와 에어컨의 냉매로 쓰는 CFC(Chloro Fluoro Carbon: 상표명 프레온)이다. 그는 20세기 우리 생활의 필수품이 된 자동차와 냉장고의 성능과 안전을 대폭 개선한 두 발명품 노킹방지제 TEL와 냉매 프레온의 발명으로 미국 화학회의 가장 권위 있는 프리스틀리 상을 수상하고 국가 발명가의 명예의 전당에 이름을 올렸다.

그러나 미질리가 사망한 지 수십 년이 지난 후, 그는 우리의 삶을 윤택하고 안락하게 해준 발명 영웅에서 지구와 인류의 생존을 위협하는 환경 파괴범으로 전락하고 만다. 그의 가장 유명한 두 발명품 유연가솔린과 CFC는 전세계적으로 판매가 금지된다.

미질리의 생애

토머스 미질리는 1889년 펜실베이니아 주 비버 폴스(Beaver Falls)에서 태어나 오하이오 주 콜럼버스에서 성장했다. 그는 코넬대학에서 1911년 기계공학 박사학위를 받은 후, 오하이오에 있는 데이턴 엔지니어링 연구소(DELCo)의 찰스 케터링(Charles F. Kettering) 박사 밑에서 일을 시작했다. 그곳에서 석유를 연료로 쓰는 엔진이 왜 노킹 소리를 내는지 연구하도록 배정받는다.

1916년 연구를 시작한 미질리는 자동차용 고압축 가솔린 엔진의 노킹 현상은 점화 장치가 아니라 고르게 연소되지 않은 연료 혼합에 의해 일어난다는 것을 재빨리 발견한다. 노킹(knocking)이란 내연기관의 실린더에서 압축된 공기와 연료 혼합물의 일부가 비정상적으로 폭발할 때 나는 날카로운 소리를 말하는데, 이는 엔진의 기계 부품, 엔진 밸브의 파손을 일으키며 심각하게는 피스톤까지 녹게 되어 비효율적인 작동을 초래한다. 따라서 노킹 방지(antiknocking)제를 사용하면 연료의 착화점을 높여줘 엔진의 마모를 감소시킨다.

미질리는 우연히 요오드화 에틸(Ethyl iodide)이라는 액체 화합물이 노킹을 감소시키는 것을 발견하고 당시의 기술을 사용하여 휘발유의 연소를 향상시키고 경제적으로 생산할 수 있는 효과적인 첨가제를 찾는 데 집중했다. 그는 주기율표의 유망한 원소 그룹을 선택하여 가솔린 첨가제를 체계적으로 연구한 끝에 마침내 1921년 미세한 양의 테트라에틸납($(CH_3CH_2)_4Pb$)이 엔진 노크를 완전히 제거한다는 것을 발견한다. 즉 테트라에틸납을 연료에 첨가하면 옥탄가(Octane Rating)를 크게 높일 수 있다는 것을 발견하는데, 옥탄가는 압축 연료가 폭발하기 전에 견딜 수 있는 한도를 나타내는 지표로, 옥탄가의 수치가 높을수록 노킹 현상이 적은 고급 휘발유이다.

그러나 미질리는 납이 엔진에 침전물을 형성한다는 것을 발견하고 엔진의 배기가스에서 납을 완전히 배출되도록 하는 화합물로 브롬화에틸렌(ethylene bromide)을 사용하기로 결정했다. 그러자니 브로민(Br)을 경제적으로 공급받는 문제로 이어졌고, 여기서 미질리는 바

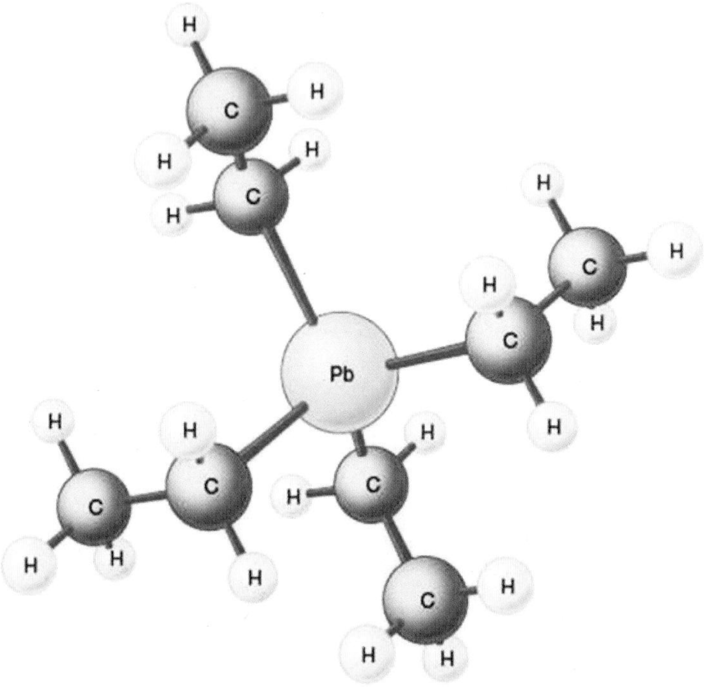

테트라에틸납 구조식

닷물에서 브로민을 추출하는 방법을 개발하여 인정을 받는다.

테트라에틸납(TEL)의 독성 효과는 휘발성이 있고 흡입될 수 있기 때문에 무기물 납화합물보다 더 위험하며, 또한 지용성이며 피부를 통해 빠르게 흡수된다. TEL의 유독성은 처음부터 주요 문제들을 일으켰는데, 실험하는 동안 미질리 자신은 물론 세 명의 동료들은 소화기 질환, 저체온, 그리고 저혈압을 겪었다. 미질리는 납 중독으로 1923년 2월 한 달 동안 플로리다로 휴양을 가기도 했다.

TEL의 독성에 대해 다양한 보고가 있었음에도 불구하고 그는 테트라에틸납이 안전하게 생산될 수 있고 엔진 배기가스로 방출되는 소량의 납 미립자는 대중의 건강을 위협하지 않을 것이라는 확신을 갖고 있었다. 아마도 이 근거 없는 확신은 그가 원래 화공 엔지니어가 아닌 기계공학 엔지니어 출신이기 때문이 아닐까 싶기도 하다.

회사는 보고서나 광고에서 납에 대한 언급을 피하면서 이 노킹 방지제의 상표명을 납이라는 단어를 뺀 에틸(Ethyl)이라고 지었다. 미질리는 1923년 에틸 휘발유 회사의 부사장으로 취임해 부정적인 시선을 보내는 대중들과 규제 당국자에게 새로운 납 함유 휘발유를 홍보했다.

'에틸' 광고에는 납이라는 단어가 언급되지 않았다

당시 테트라에틸납 생산 공장에서 근로자들의 사망으로 입증된 것처럼 이 납은 위험한 것으로 알려졌지만, 앞으로 닥칠 끔찍한 재앙의 범위를 그때는 잘 깨닫지 못하고 있었다. 노킹 방지제(antiknocking)가 들어 있는 휘발유는 '에틸 가솔린'이라는 이름으로 판매되었으며, 이 유연 휘발유는 1960년대에 들어서야 환경 파괴의 원흉임이 드러나게 된다.

1920년대 말에는 에어컨과 냉장 시스템의 냉매로 암모니아(NH_3), 클로로메탄(CH_3Cl), 프로판, 아황산가스(SO_2)와 같은 화합물을 사용했다. 이들은 효과적이긴 했지만 유독성과 인화성, 폭발성을 가지고 있어 종종 사망 사고가 발생했다. 당시 냉장고와 에어컨의 선도적 제조업체였던 제너럴 모터스의 냉장고 부서는 대안으로 독성이 없고 인화성이 없는 냉매를 찾기 시작했다.

1930년 미질리가 팀원을 이끌고 그러한 냉매를 찾도록 책임을 맡게 되자, 다시 주기율표를 참고하여 그는 적합한 물리적 특성을 가질 수 있는 새로운 화합물에는 불소가 함유되어야 한다는 결론을 내린다. 그리고 오늘날 흔히 프레온(Freon-12)으로 알려진 다이클로로다이플루오로메테인(dichlorodifluoromethane: CCl_2F_2)을 사흘 만에 만들어냈다.

프레온과 기타 염화불화탄소(Chloro Fluoro Carbon: CFC) 화합물들은 안정하며 인화성이 없고 사람과 동물에 무해하면서도 냉매에 알맞은 정도의 잠열과 휘발성이 있었다. 프레온은 냉장고와 에어컨의 냉매로서 기존의 냉매들을 대치하였을 뿐 아니라 나중에 에어로졸 스프레이 캔 및 천식 흡입기의 분사제와 같은 다른 응용 분야에도 사용된다.

미질리는 40세 이전에 성취한 두 가지 업적으로 화학 분야에서 받을 수 있는 가장 중요한 메달을 모두 받았다.

1922: 니콜라스 메달, 미국 화학회 뉴욕 지부

1925: 롱스트레스 메달, 프랭클린 연구소

1937: 퍼킨 메달, 미국 화학공업학회

1941: 프리스틀리 메달, 미국 화학회

1942: 윌러드 기브스 메달, 미국 화학회, 시카고 지부

그 외에도 미질리는 1940년 미국 과학학술원 회원, 1944년에는 미국 화학회 회장으로 선출되었으며, 2003년에는 국가 발명가 명예의 전당에 이름을 올린다.

미질리의 말년과 논란

1940년, 51세의 나이에 미질리는 소아마비에 걸려 두 다리를 쓸 수 없게 되었다. 그는 장애에도 불구하고 화학계에서 활발하게 활동하며, 1944년에는 미국 화학회(ACS) 회장으로 선출되었다. 그는 다

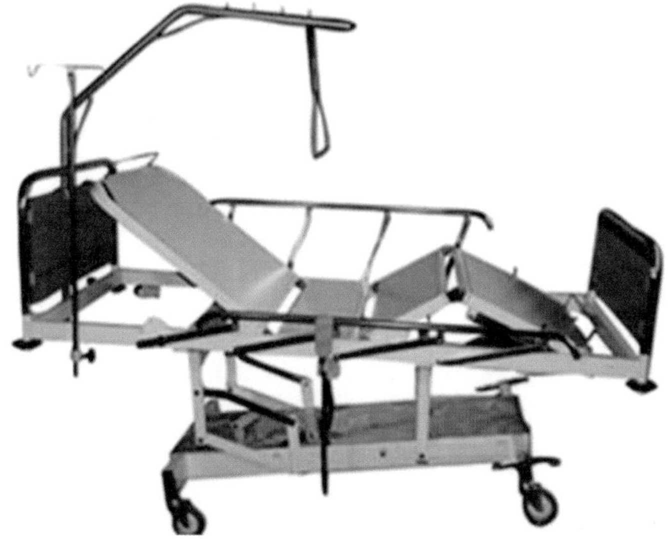

미질리는 자신이 고안한 장치에서 질식사했다

른 사람들이 그를 침대에서 들어올리는 것을 돕기 위해 빗줄과 도르래로 정교한 호이스트 장치(hoist system)를 고안한다. 그러나 1944년 화학회 회장이 된 지 얼마 안 되어 55세 나이로 자신이 고안한 장치의 밧줄에 목이 졸려 질식사했다(그가 스스로 목숨을 끊었다는 주장도 있다).

미질리를 발명 영웅으로 만들고 각종 저명한 상을 휩쓸어 부러움을 한몸에 받던 그의 두 중요한 발명이 오늘날에는 지구와 인류 건강에 큰 재앙이 되었다. 납은 독성이 강한데 이것을 자동차 연료에 넣음으로써 살상 무기가 된 셈이다. 1985년 미국 환경처는 1973년 대기정화법(Clean Air Act)을 도입하여 유연 휘발유 사용을 단계적

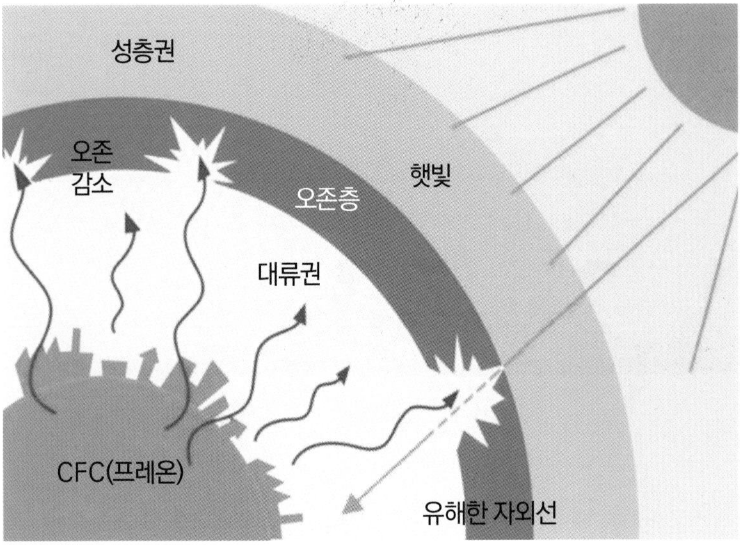

CFC가 지구 오존층을 파괴한다

으로 중지시키기 전까지 매년 5000명의 미국인들이 납 관련 심장병으로 사망했다고 추정했다. 유연 휘발유를 쓰는 동안 어린이 6800만 명이 위험에 노출되었고, 전세계적으로 수백만 명의 어린이들의 뇌 발달에 손상을 주었다.

한편 토머스 미질리의 두 번째 중요한 발명품인 염화불화탄소(chlorofluorocarbon: 상표명 프레온)는 1940년대에는 미국에서만 냉장고가 수백만 대 보급되어서 별문제가 없었지만, 1970년대 초에 이르면 전세계적으로 냉장고나 에어컨, 또는 에어로졸 스프레이 캔 등에 CFC가 광범위하게 사용되면서 이 화합물의 생산량은 1년에 거의 100만 톤에 이르게 된다.

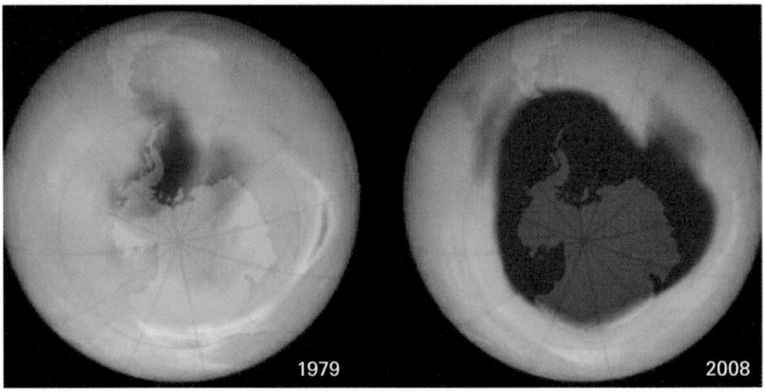

남극 오존층에 구멍이 더 커지고 있다

1974년에 미국에서 연구하던 두 화학자, 마리오 몰리나(Mario Mollina)와 셔우드 롤런드(Sherwood Rowland)는 CFC가 지구 성층권의 오존과 반응하여 이를 파괴할 수 있다는 가설을 제시했다. 성층권의 오존층은 태양에서 오는 해로운 고에너지 자외선을 막아주는 중요한 역할을 한다. 몰리나와 롤런드는 지구 표면에서 수십 년 동안 성층권까지 올라간 CFC에서 자외선이 염소를 떼어낸다는 것을 규명했다. 그리고 그 결과 생겨난 염소 원자는 오존 분자와 즉시 반응하여 수천 개의 오존 분자를 파괴할 수 있는 연쇄 반응을 일으켜 오존층을 파괴한다.

11년 뒤, 1985년 영국 남극연구소는 실제로 남극의 오존층에 구멍이 뚫려 있다는 것을 확인했으며, 1987년에 세계 56개국이 CFC 생산량을 줄이고 사용량을 절반으로 줄이기 위한 몬트리올 의정서(Montreal Protocol)를 채택했다. 그 후 몇 년 동안, 전세계적으로

CFC와 기타 오존 파괴 화합물의 생산을 단계적으로 중단하기 위해 의정서의 내용이 강화되었다.

CFC의 완벽한 대체 물질은 CFC와 동일하거나 매우 유사한 특성을 지니고 있어 모든 적용 분야를 완전히 대체할 수 있어야 하고, 사회와 환경에 지속적으로 오존층 파괴나 기후 온난화 현상에 영향을 미치지 않으며 비용 면에서 저렴해야 한다.

지금까지 CFC의 대체 물질로 수소염화불화탄소(HCFCs), 수소불화탄소(HFCs) 및 과불화탄소(PFCs) 등이 개발되었다. 이것들은 많은 CFC 용도를 대체하긴 하지만, 실용성과 안전을 위협하지 않으면서 CFC의 모든 용도를 충족시키지는 못하고 있다. 또한 이 물질들은 너무 비싸고, 매우 높은 기후 온난화 현상을 나타내므로 CFC의 영구 대체 물질로 쓰기에는 효과적이지 않아 지속적인 연구 개발이 필요하다.

사실 인류의 생활을 풍요롭고 윤택하게 해주는 엄청난 발견이나 발명은 야누스의 얼굴을 하고 있어서 무엇이 되었든 지나친 남용은 인류에게 재앙을 가져온다. 가령 해충을 박멸하여 대규모의 전염병을 막고 식량 증산에 큰 기여를 하여 '인류의 구세주'라고 불리던 DDT를 보라. 무분별하고 무차별적인 DDT 살포로 지금은 DDT가 환경 파괴의 주범으로 인식되어 사용을 금지하고 있다. 그뿐인가. 유전자 조작 농산물이라던가, 각종 전자기기들로 인한 유해 전자파 문제 같은 것도 장차 미질리의 유명한 두 발명품과 똑같은 문제를 내포할 가능성이 있다.

사실 미질리가 TEL(안티 노킹제)이나 냉매(CFC)를 발명한 1940년대엔 자동차도 많지 않았고 에어컨이나 냉장고를 사용하는 가정도 그렇게 많지 않았을 터이니, 지구와 인류 건강에 두 발명품이 치명적인 결과를 가져오리라고는 누구도 생각지 못했을 것 같다. 굳이 문제를 찾자면 발명가도 발명품도 아니고 편리한 것만 찾는 인간의 탐욕이 아닐까?

13

엄마, 아빠 없는 출산의 시대가 도래하는가

– 인공 자궁의 미래

2017년 4월 26일자 〈네이처 커뮤니케이션〉 국제 학술지에 미국 필라델피아 어린이병원 연구진은 "미숙아 새끼 양을 인공 자궁에서 4주 동안 키워 털이 자라게 하는 데 성공했다"고 발표했다. 연구진은 105일에서 115일 된 8마리의 새끼 양이(사람으로 치면 임신 23주에 해당) 4주 더 안정적으로 자랄 수 있도록 인공 자궁 장치인 '바이오 백(biobag)'을 개발했다.

다음 그림(사진 a)에서 보는 것처럼 투명 비닐 백에 따뜻한 물과 소금으로 만든 양수를 채우고 그 안에 새끼 양을 넣었고, '바이오 백' 바깥에 있는 장치는 태반과 같은 기능을 하는 튜브와 연결되어 혈액에 산소와 영양분을 공급하고 노폐물을 제거했다.

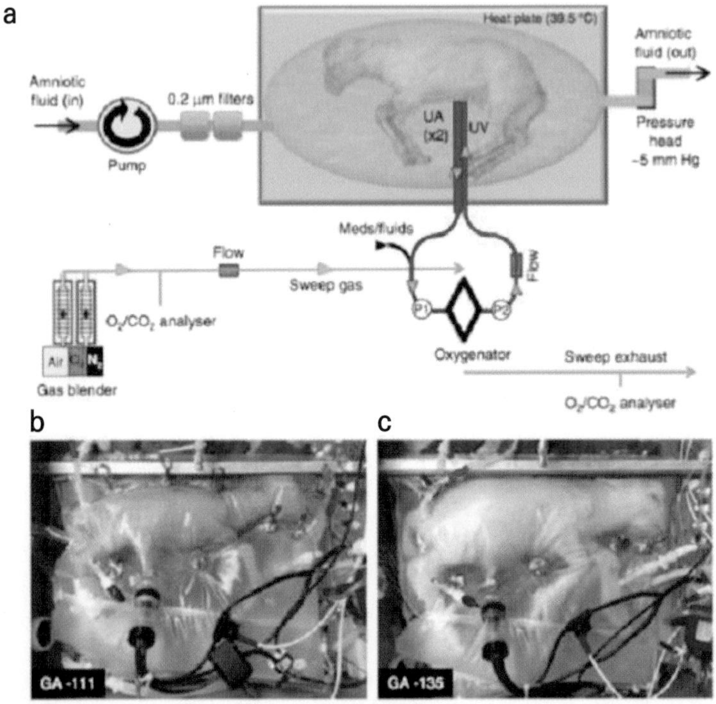

인공 자궁 동물 실험

인공 자궁 안에서 새끼양(사진 b)은 뇌와 장기가 정상적으로 자라서, 사진(c)에서처럼 통통하게 살이 오른 분홍색의 몸은 양모로 덮이기 시작하고 눈을 뜨기까지 했다.

연구진은 개발한 인공 자궁을 가지고 이르면 3년 안에 미숙아를 대상으로 임상시험을 시작할 예정이라고 했다. 그러니 미래의 어떤 시점에서는 체외 수정란을 초기 상태에서 엄마의 자궁도 필요 없이 인공 자궁으로 직접 심을 수 있게 될 것이다.

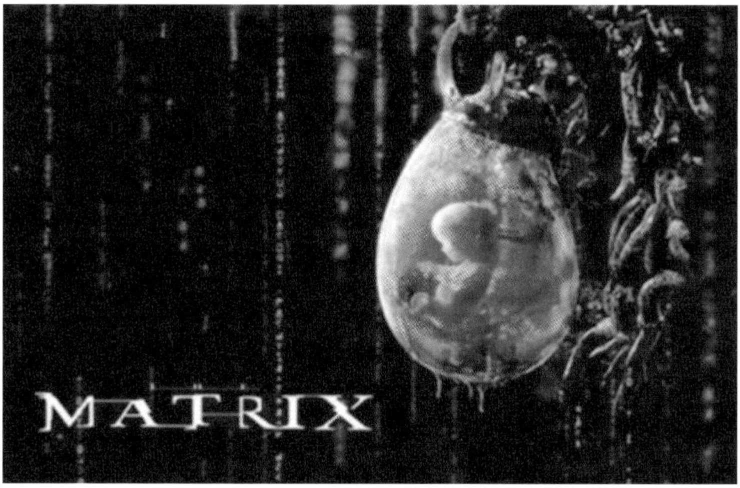

인공 자궁에서 인간을 배양하는 영화 '매트릭스'의 한 장면

과거에 암울하고 엽기적인 공상 과학 소설 시나리오에서나 상상했던 이 기술은 현실이 되려 하고 있다. 가령 신랄하게 현대 문명을 비판한 헉슬리(Aldous Huxley)의 디스토피아적 공상 과학소설 〈멋진 신세계(1932)〉 그리고 그보다 좀 더 최근의 예로는 영화 '매트릭스(1999)'가 바로 이런 시대의 도래를 예고하고 있는 것이다.

이 영화에서는 인공지능에 의해 살아 있는 새로운 에너지원으로 사용되기 위해 인간이 인공 자궁의 양수 속에서 배양되는 장면을 보여주고 있다. 그러고 보니 인공지능 AI 알파고가 커제 9단을 꺾은 데 이어 이세돌 9단마저 꺾고 '바둑의 신'이 된 것은 이미 과거의 일이고 이제는 인공지능의 자체 진화까지 우려되는 현실을 볼 때 어째 영화 매트릭스가 단순히 공상과학 소설로 끝나지 않을 것 같은 오싹

한 느낌마저 든다.

여기서는 생물공학의 눈부신 발전(!)에 따른 산모 없는 인공 자궁에 대한 연구와 이에 필연적으로 수반되는 정치적·사회적 문제, 그리고 생명윤리에 대해 살펴보기로 한다.

홀데인과 모체외발생

향후 미숙아를 살리는 데 큰 도움을 줄 이 인공 자궁에 대해서는 거의 1세기 전인 1924년, 영국 출신 유전학자 홀데인이 인공 자궁의 출현을 예측한 바 있다. 그는 과학적으로 모체외발생(ectogenesis, 母體外發生)이라는 용어를 사용했는데 그리스어 'ecto(바깥)'와 'genesis(출생)'이라는 단어를 합쳐서 만든 것이다. 홀데인은 엄마의 자궁 밖에서 출생하는 '모체외발생'을 "신체 외부의 인공 환경에서 정상적으로 발견될 수 있는 생체의 성장, 예를 들어 모체의 바깥에 있는 배아 또는 태아의 성장"이라고 정의했다.

홀데인(John Burdon Sanderson Haldane, 1892~1964)은 근대 초기 생물통계학을 정립하고 집단유전학과 진화론의 수학적 이론을 확립하는 데 결정적인 역할을 한 진화생물학자이다. 그뿐만 아니라 20세기 후반 칼 세이건(Carl Sagan)이 그랬던 것처럼 그는 과학의 대중화 영역에서 자신의 세대에게 엄청난 영향력을 끼친 '과학의 전도

유전학자 홀데인은 2074년까지 엄마 없는 인공 자궁에서 출산이 일어날 것으로 예측했다

사'이기도 했다.

홀데인은 1924년 〈다이달로스 또는 과학과 미래(Daedalus or Science and Future)〉라는 논문을 발표하는데 그가 선택한 제목은 많은 의미를 함축하고 있다. 다이달로스는 그리스 신화에 나오는 대장간의 신 헤파이스토스의 자손으로 미노스 왕의 미궁(迷宮) 라비린토스를 만든 전설적인 명장(名匠)이다. 또한 그는 날개를 달고 너무 태양 가까이 날아올랐다가 떨어져 죽은 이카로스(Icarus)의 아버지이자 날개의 제작자이다. 즉 홀데인은 과학자의 관심 대상은 신이 아니며 다이달로스가 오래된 금기 사항에 사로잡혀 있지 않고 인간의 한계에 도전한 첫 번째 사람이라 그를 최초의 현대 인간으로 부르며 그런 제목을 붙인 것으로 추측된다.

그는 이 논문에서 과학과 기술이 우리의 문명에 미치는 영향에 대해 묘사하면서 수정에서 출생까지 인공적 환경에서 일어나는 모체외발생이라는 과정을 예로 들었다. 즉 2074년까지는 엄마 없는 인공자궁에서 출산이 일어나며, 인간 출생의 단 30%만이 자연 출생이 될 것이라고 예측했다.

그러나 미국의 작가이자 미래학자이며 트랜스휴머니즘 운동가로 잘 알려져 있는 주르코(Zoltán István Gyurkó, 1973년~)는 이러한 일이 실제로 2074년보다 20~30년은 더 일찍 일어나게 될 것이라고 확신했다.

여하튼 체외발생이 대중화될 수 있는 특정 시기나 그런 방식으로 태어난 아이들의 숫자를 확정할 수 있든 아니든 인공 자궁에 의한 출산의 시대가 다가오면서 파생할 수 있는 사회·정치·윤리적 문제가 대두되고 있다.

미국에서는 약 10%의 아기가 조산아로 태어나며 미숙아가 신생아의 주요 사망 원인이 되고 있다. 따라서 인공 자궁은 영아 사망률을 줄일 수 있을 뿐 아니라 의학적 이유로 아기를 가질 수 없는 여성들이 대리모 없이도 아기를 가질 수 있게 해준다.

한편 임신·출산으로 사회생활에서 많은 제약과 차별을 받아온 여성들을 대신하여 페미니스트 이론가인 파이어스톤(Shulamith

Firestone)은 임신을 '야만적'이며 '종(種, species)'을 위한 개인 신체의 일시적인 변형이라고 주장한다. 그녀는 1970년 출판한 《성의 변증법》에서 "모든 수단과 방법을 다하여 여성을 생식생물학의 폭정으로부터 해방시키고 출산 및 양육의 역할을 여성은 물론 남성을 포함한 사회 전체로 확산시키는 것을 촉구한다"라고 선언했다. 그렇다면 인공 자궁이 파이어스톤의 선언에 대한 해법이 될 수 있을까?

엄마(혹은 아빠) 또는 둘 다 없이도 출산이 가능한 시대

그러나 인공 자궁만이 문제가 아니라 이제 과학자들은 아예 엄마 또는 아빠 없이 아기를 갖는 시대, 즉 난자와 정자가 아닌 피부 세포로부터 아기를 갖게 될 시대가 올 것이라고 예고하고 있다. 이에 관련한 연구 결과 중 몇 가지 케이스를 소개하면 다음과 같다.

2016년 2월, 중국 과학자 팀은 실험실에서 만든 인공 정자를 쥐의 난자에 주입함으로써 건강한 새끼를 낳았다고 발표했다. 생산된 쥐 세포들은 기술적으로 정자세포(精子細胞, spermatids)—꼬리가 없고, 헤엄을 칠 수 없는 미성숙한 정자—였다.

중국 과학자들은 일반적인 체외 수정 기법(IVF technique)을 모방한 난자 세포질 내 정자 주입술(intracytoplasmic sperm injection)을 써서 인공 정자를 쥐의 난자에 주입하여 배아를 성공적으로 만

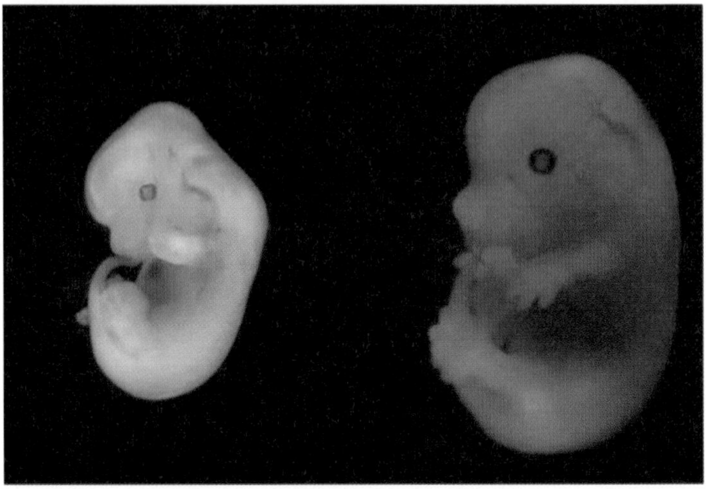

인공 정자를 가지고 만든 쥐의 배아가 성장하고 있음을 보여준다

들고, 이로부터 건강한 새끼 쥐를 출산했다. 그들은 이와 같은 기술을 사람에게 적용시키면 남성 없이도 인공 정자를 만들어서 여성들이 아기를 가질 수 있는 길을 열었다고 주장한다.

2016년 9월 13일, 영국의 토니 페리(Tony Perry) 박사 팀은 정상적인 난자 세포를 사용하지 않고 성공적으로 쥐를 번식시켰다고 발표했다. 그들은 정자를 사용하여 파르테노제노테(parthenogenote, 기본적으로 처녀 출산을 위한 세포)라 부르는 일종의 생육 불능의 배아를 수정시켰더니 정상 세포처럼 번식했다. 그런 다음 특수 화학 물질을 사용하여 배아로 발전시키고 그것을 대리모 쥐에 심어 새로운 쥐를 탄생시켰다.

이 쥐는 살아남아 새끼를 낳기까지 했다. 이 결과는 지난 200년간 난자와 정자로부터 아기가 태어난다는 공식을 깨는 번식생물학에 대한 도전으로 두 남성이 대리모 없이도 두 사람의 유전자를 물려받은 아기를 가질 수 있다는 것을 의미한다.

피부 세포로부터 아기를 만드는 시대

2016년 일본의 과학자들은 쥐의 피부 세포로 만들어진 정자와 난자를 가지고 쥐를 출생시켰다고 발표했다. 배양접시 속에서 정자나 난자를 만드는 것을 가능케 하는 공정을 '시험관 배우자 형성(IVG: in-vitro gametogenesis)'이라고 부른다. 실험실의 과학자들은 성인의 피부 세포를 채취하여 배아 줄기세포처럼 행동하게 함으로써 유도된 '다능성 줄기세포'라는 것을 만들 수 있었다.

놀랍게도 이 세포들은 정자와 난자로 발달하고 성장하도록 자극을 받은 다음 여성의 자궁에서 효과적으로 이식될 수 있는 실제 배아를 형성하는 데 사용된다. 대부분의 과학자들은 임상적으로 수행하기까지는 아직 멀었다고 하지만, 불임 치료로 전통적인 체외 수정(IVF)을 대체할 가능성이 있는 유망한 기술이다.

만일 이 기술이 인간에게도 성공적으로 이루어진다면 IVG의 또 다른 잠재적 이점은 전통적인 체외 수정처럼 여성이 난자를 추출하기 위해 과량의 배란 촉진제를 맞을 필요가 없다. 또한 동성 커플이나 암 치료를 통해 생식 세포를 잃은 사람들은 물론 배우자 없이 혼자서도 생물학적 자녀를 가질 기회를 갖게 되어, 그 파급 효과는 엄청날 것이다. 따라서 이러한 기술이 현실화되기 전에 법적, 윤리적 문제가 먼저 해결되어야 한다.

시험관 배우자 형성과 윤리적 · 법적 · 사회적 문제들

번식과 사회 전반에 대한 시험관 배우자 형성(IVG)의 잠재적 영향은 엄청나서 불임은 과거의 일이 될 수 있다. 예를 들면 IVG는 동성 커플에 의해서 유전적으로 연결된 아이를 생산하기 위해 사용될 수 있다. 그리고 피부 세포가 정자와 난자 둘 다 생산하는 데 사용될 수 있어 유전적으로 한 부모 또는 둘 이상으로 연관된 부모들을 가진 아이가 태어날 수 있다. 그러나 한 부모(single parent)가 IVG로 자녀를 갖고자 신청할 때 이를 '스테로이드에 대한 근친상간'으로 법적으로 허가할 것인지 그것이 궁금하다.

그런데 이러한 새로운 생식 체계 아래서 부모의 친권은 어떻게 해석되어야 하는가? 하는 문제가 제기될 수 있다. 만일 어떤 사람이 다른 사람의 피부 세포를 훔쳐서 그 사람의 유전자를 사용하여 아기를 만들었다면(?) 법은 이를 어떻게 다룰 것인가? 가령 유명인이 사용한 잔이나 빗에 남겨진 세포를 누군가 허락 없이 가져가 그것을 생식세포로 바꾼다면, 유명인은 자기도 모르는 사이에 아기들의 부모가 되는 것이다.

또한 현재 시험관 아기 시술(IVF)은 제한된 수의 배아를 생산하며 이식 전에 심각한 유전적 결함을 가려낸다. 그러나 IVG를 사용하면 부모는 피부 세포를 사용하여 무제한의 배아를 생산할 수 있고 그러면 건강과 관련이 없는 자신이 선호하는 특정 형질, 예를 들면 높은 IQ를 선호해 이식할 배아를 선택할 수 있다. 따라서 IVG가 유전자 가위 크리스퍼(CRISPR)와 결합되면 부모들은 소위 디자이너 베이비를 갖게 될 수 있어 사회적 문제는 더욱 심각해질 것이다.

지금까지 언급한 모든 생명공학의 눈부신 결과들이 합쳐져서 난자나 정자가 필요 없이 피부 세포를 가지고 유전자 편집 도구를 써서 특정한 특성을 갖는 아기를 인공 자궁을 통해서 낳을 수 있는 세상이 온다면, 과연 여성이나 남성 우리 모두에게 진정 유토피아의 문이 열리는 것일까? 그때쯤 되면 인공지능으로 무장된 로봇이 집안 살림에서부터 아기 돌보는 것까지 다할 수 있을 터이니, 이제 남자와 여자의 역할도 다시 정의되어야 하지 않을까.

생식 기술과 유전공학이 점차 개입되면서 미래에는 세대 간에 어떤 종류의 유대가 존재할 것인가? 또 그러한 세계에서 부모가 된다는 것은 무슨 의미일까? 남녀 간의 사랑이라든가, 가족의 개념도 다 모호해질 것만 같다. 그러나 무엇보다 두려운 것은 잘못된 생명공학

기술로 소설 속의 프랑켄슈타인이나 매트릭스 같은 세상이 언젠가 현실로 우리에게 다가오는 일이다. 공포의 미래가 닥치기 전에 미리 철학, 종교, 법학 등 여러 분야의 학자들이 과학자들과 함께 머리를 맞대고 장차 야기될 수 있는 모든 문제를 책상 위에 올려놓고 논의를 시작해야 될 시점이 아닐까 싶다.

14

맞춤형 아기와 유전자 가위

- 네오(neo) 우생학의 등장인가?

몇 해 전부터 인류의 운명을 좌우할 '인간 유전자 편집 기술'이 중대한 의제로 떠오르고 있다. 2015년 12월 워싱턴에서는 혁명적인 새로운 '인간 유전자 편집 기술'에 대한 의제를 다루기 위하여 미국 과학·의학학술원, 중국 과학학술원과 영국 왕립학술원이 공동 주최하는 '인간 유전자 편집에 관한 국제정상회의(International Summit on Human Gene Editing)가 열렸다. 최소 20개 국의 대표들이 참가한 이 회의에서 유전자 편집 기술의 현 주소를 점검하고 윤리적·법적 문제와 규제 사항들을 협의했다.

그런데 인간 유전자 정상회의는 과학계를 제외하곤 대중의 관심을 크게 끌지 못했다. 당시 같은 회의의 주제로 논의된 기후 문제는 많은 관심을 끌었지만 유전자 편집 기술 문제는 별다른 주목을 받지 못했다. '인간 유전자 편집 기술'에 관한 문제는 아직은 대중에게 공

최초의 시험관 아이 루이스 브라운(1978~)

상과학 영화나 소설에 나오는 이야기처럼 멀게만 느껴지는 것 같다.

그러나 그동안의 유전공학 기술 발달 과정을 돌아보면 맞춤형 아기가 결코 공상과학 소설이 아님을 알 수 있다. 즉 1978년 세상을 바꾸는 역사적 대사건이 일어났는데 바로 시험관 아기의 탄생이다.

맞춤형 아기의 탄생

로버트 에드워즈(Robert Geoffrey Edwards, 1925~2013) 박사는 1969년 난자의 체외 수정 시술로 불임 부부를 치료하기 시작했고, 10년에 걸친 수많은 시행착오를 거듭한 끝에 체외 수정 시술로 임신에 성공했다. 1978년 7월 25일 최초의 시험관 아기 루이스 브라운(1978~)이 탄생했다. 에드워즈 박사는 이 공로를 인정받아 2010년 노벨 생리의학상을 수상했다.

노벨 생리의학상 수상자를 선정하는 스웨덴 노벨위원회는 '전세계 모든 부부의 10% 이상에게 고통을 안겨주는 불임을 치료하는 길을 연 공로'를 인정해 에드워즈 박사의 수상을 결정했다고 발표했다.

당시에는 엄청나게 폭발적이고 충격적이었던 이 사건은 불과 40여 년밖에 지나지 않은 오늘날은 불임 부부들에게 희망과 기쁨을 안겨주고 있으며 난임 부부들이 고려하는 중요한 선택 사항이 되었다. 현재 우리나라 여성의 평균 결혼 연령이 32세라는데 어쩌면 주위에 쌍둥이나 삼둥이가 예전보다 훨씬 흔해진 것도 놀라운 생명공학 기술 덕분이 아닌가 생각된다.

중국 명나라때 오승은의 소설 〈서유기〉에서 손오공은 머리카락을 이용해 자신의 분신들을 수없이 만들어낸다. 그런데 14세기에 살았던 오승은의 상상력이 20세기에 현실로 실현되어 1996년 영국에서 포유동물인 복제양 돌리가 태어남으로써 또 한번 세상을 충격에 빠뜨렸다.

그때까지 다 자란 포유류는 복제할 수 없다는 것이 정설이었는데 돌리의 탄생으로 이 상식이 깨졌다. 더 나아가 인간 복제가 현실로

복제양 돌리

나타날 수 있다는 의미이기도 했다. 영국의 이언 윌머트 박사는 다 자란 양의 체세포에서 채취한 유전자를 핵이 제거된 다른 양의 난자와 결합시켜 이를 다른 양(대리모 양)의 자궁에 이식시켜 돌리를 탄생시켰다. 276개의 수정란을 착상했지만 계속 실패하고 결국 277번째 수정란이 착상에 성공했다. 그런데 돌리는 천수를 누리지 못하고 여섯 살의 짧은 생을 마감했다.

돌리의 복제를 시작으로 쥐(1997), 소(1998), 염소(1999), 돼지(2000), 고양이(2002)가 성공적으로 복제되었고, 우리나라에선 황우석 박사가 1999년 2월 12일 우리나라 최초의 복제소 '영롱이'를 탄생시켰다고 발표해 IMF 외환위기로 절망에 빠져 있던 온 나라를 흥분의 도가니로 몰아넣었다. 그런데 일각에서는 복제소가 아니라 체외수정에 의한 소라는 의문을 제기하기도 했다. 2009년 1월, 황우석 박사가 이끄는 수암 생명과학연구소에서 죽은 개의 체세포를 이용

2009년 황우석 박사는 소 복제(영롱이)에 성공했다

해 첫 상업용 복제 개 생산에 성공했다고 발표했고 약 10만 달러에 죽은 애완동물을 복제할 수 있다고 알려졌다.

돌리 이후 영장류를 제외한 대부분의 동물 복제에 성공했는데 2000년에는 영장류로는 최초로 '테트라'라는 이름의 붉은원숭이가 복제되었다. 인간과 가까운 영장류에 대한 복제 시도라는 점에서 윤리적 논란을 일으키기도 했다.

한편 중국의 생명공학 관련 기업 보야라이프 그룹(Boyalife Group)은 2015년 황우석 박사와 손잡고 톈진 시에 200만 파운드를(약 358억) 투자하여 세계 최대 규모의 동물 복제공장(Animal Cloning Center)을 건설한다고 발표했다.

같은 유전자 정보를 가진 동물을 만들어내는 체세포 복제 기술을

인간 복제도 가능한 시대가 도래했다

이용해 2020년까지 1년에 100만 마리의 초우량소 생산을 목표로 한다고 밝혔는데, 그렇게 되면 보야라이프 그룹은 세계에서 최초로 유전학적으로 동일한 품종의 초우량소를 사육하여 '복제' 소고기를 조달하는 공급처가 될 것이라고 발표했었다.

복제는 유전자 조작과는 다르지만, 동물에 대한 복제 기술은 확실하게 품질과 생산량을 균질하게 만들 수 있다. 또한 텐진 시설은 액체질소 속에 냉동한 대략 500만 개의 체세포를 보관할 수 있는 유전자 은행을 갖추게 되며, 한국의 수암연구소와 공동으로 순종의 경주마, 애완동물, 경찰견 등을 양산한다는 계획을 세웠다. 이 세계 최대 복제 공장의 과학자들은 이미 인간 복제도 가능하지만 공공의 반응이 두려워 단지 지연하고 있을 뿐이라고 했다. 그러나 8년이 지난 최근까지 후속 보도나 발표가 없는 걸 보면 비밀리에 진행하거나 많은 걸림돌이 있는 게 아닐까 싶다.

여하튼 복제 기술은 산업적으로는 형질전환 동물 생산, 멸종 동물 복제, 이종장기 개발, 질병 모델 동물의 생산에 이용할 수 있다고 하니 첫 시험관 아기 루이스의 탄생 이후 불과 40년 남짓한 시간에 유전공학은 너무나 빠른 속도로 발전하고 있다.

유전자 가위

왓슨과 크릭이 DNA 구조가 이중나선이라는 것을 발표한 지 50년 되던 해인 2003년 4월, 우리가 인간임을 말해주는 총 30억 쌍의 염기 서열을 결정한 인간 유전자 지도가 완성되었다. 그런데 그 염기 서열 중에서 실제로 유전 정보를 갖고 있는 부분은 대략 4%에 지나지 않으며, 인간의 몸에는 2만 6000~4만 개 정도의 유전자가 있다고 한다.

이제 유전자 지도는 우리에게 유전자의 결함으로 인한 질병들을 진단하는 정보를 제공해 주고 따라서 유전자 조작을 통해 많은 병들을 치료할 수 있는 가능성을 열어주었다. 처음 인간 게놈(genome) 서열 해독 비용은 한 사람당 1억 달러 정도라는 천문학적 금액이었는데 그 후로 급락해 최근에는 천 달러 미만까지로 저렴해졌다.

그러나 기적적인 새로운 유전공학 기술의 발전 속도는 우리가 이에 따른 종교적, 윤리적, 법적 그리고 사회적 함의를 충분히 파악하고 대처할 수 있는 능력을 기르는 속도보다 훨씬 앞서가고 있어 야누스 얼굴처럼 우리에게 무수한 딜레마를 안겨주고 있다. 더구나 2012년 유전자 정보를 바탕으로 매우 신속하고 저렴한 비용으로 정확하게 유전자 분자 가위로 DNA를 자르고 붙일 수 있는 혁신적인 유전자 편집기술 CRISPR-Cas9 또는 간단히 크리스퍼(CRISPR)라고 부르는 기술이 개발되었다.

'주기적으로 간격을 띄우고 분포하는 짧은 회문 구조의 반복 클러스터(Clustered Regulary Interspaced Short Palindromic Repeats)'의 줄임말인 크리스퍼는 유전체에서 특정 염기 서열을 인식한 후 해당 부위의 DNA를 정교하게 편집하는 시스템을 말한다. 가장 최근 기술인 크리스퍼 유전자 가위는 교정하려는 DNA를 찾아내는 가이드 RNA와 DNA를 잘라내는 분자가위 Cas9 단백질로 이루어졌다.

크리스퍼(CRISPR-Cas9) 기술을 이용하면 마치 문서를 편집할 때 수정하고 싶은 부분을 잘라내고 붙이듯이 잘못된 유전자를 잘라내고 바람직한 유전자로 새로 바꾸는 데 최장 수년씩 걸리던 것이 며칠로 줄어들며 동시에 여러 군데의 유전자를 교정할 수도 있다. 물론 DNA를 편집할 수 있는 다른 기술들이 존재하지만 크리스퍼는 비용이 저렴하며 또한 정밀성, 신속성, 그리고 용이함에 있어서 그 전례를 찾아볼 수 없을 정도여서 이미 수많은 실험실에서 연구가 진행되고 있다.

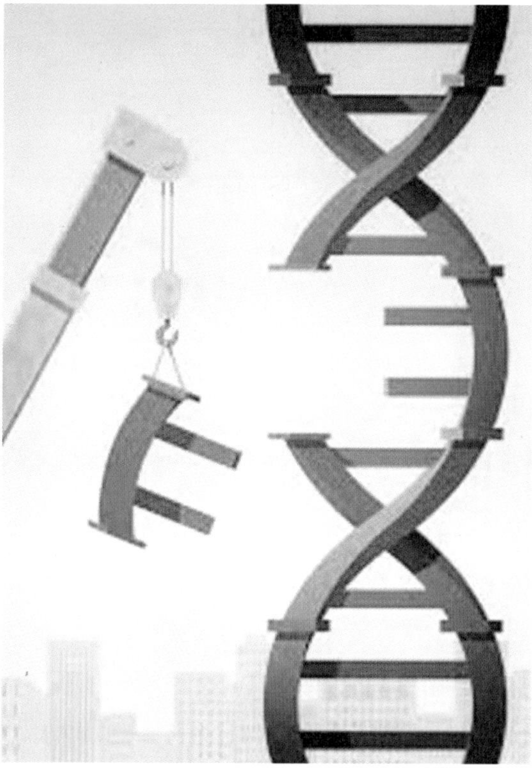

크리스퍼 유전자 가위

크리스퍼는 불치병 치료의 길을 열어주리라는 기대도 모으고 있다. 최근 보도(2023. 8. 17일자 조선일보)에 따르면 미국의 버텍스 제약과 스위스의 크리스퍼 테라퓨틱스가 개발한 유전 질환 겸상적혈구빈혈증 치료제인 '엑사셀'이 미국 FDA의 승인을 앞두고 있다고 한다.

2015년 〈단백질과 세포(Protein & Cell)〉 지에 중국의 과학자들이 크리스퍼를 사용하여 인간 배아의 유전체 편집을 시도했다는 논문

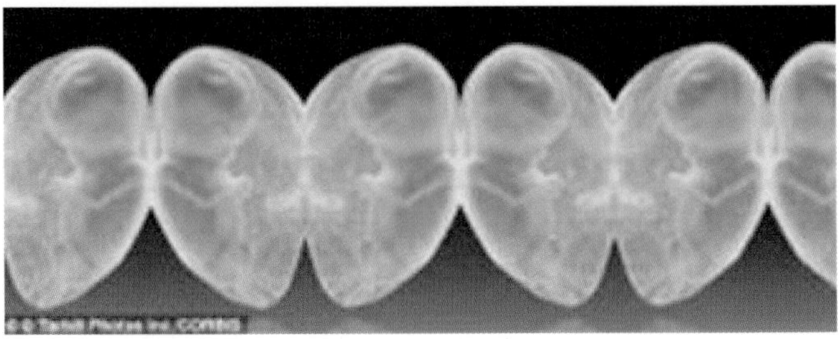

인간 복제 배아 이미지

이 출판되면서 뜨거운 논쟁을 불러 일으켰다. 생식세포—난자, 정자, 배아 그리고 미래 세대에 DNA를 전달하는 다른 세포들—의 임상 연구는 무척 위험한 일이다.

물론 크리스퍼가 맞춤형 아기를 만드는 데 쓰일 수 있기까지는 수 년 또는 수십 년이 걸릴지 모르지만, 만일 시도된다면 이는 다시는 돌아올 수 없는 루비콘 강을 건너게 되는 것이다. 만일 우리가 인간 배아의 게놈을 편집하여 지능, 체격, 용모 등등 부모의 선호도에 따른 맞춤형 아기를 만들 수 있게 되면 돈 있는 부모들은 후손들이 대대로 우월한 유전자를 갖도록 어떠한 비용이라도 치르려 할 것이다.

결국 가난한 부모들의 자식들은 열등한 인간으로 남아 1932년 영국의 소설가 헉슬리의 〈멋진 신세계〉에서 묘사한 세상이 도래할지도 모른다. 혹자는 미래에 인류가 지구를 떠나 다른 행성으로 이주할 때를 대비하여 유전자 편집을 해서라도 슈퍼 인간을 만들어야 한다는 주장을 한다. 바로 열등한 인간의 번식을 억제하여 민족 형질을 개선해야 한다는 우생학자들의 논리와 대동소이하다.

그동안 인간 게놈은 38억 5천만 년이라는 장구한 세월에 걸쳐 자연의 법칙에 따라 진화되어 최적화되었는데, 다윈의 진화론이나 멘델의 유전법칙을 인간 유전자 편집 기술로 간단히 한방에 날려 보내는 소수의 과학자들은 신의 영역을 침범할 때 발생할 수 있는 의도하지 않았던 모든 종류의 재앙을 과연 감당할 수 있을 것인가?

전신 성형도 불사하는 세상에 아예 유전자를 편집하여 대대로 자신의 가계(家系)를 슈퍼 인간들로 채우려는 인간의 욕망을 어떻게 법으로 제어할 수 있을지 모르겠다. 점점 인간복제 관련 SF 영화 같은 세상이 실제로 멀지 않은 장래에 올 것 같은 공포가 몰려온다.

15

DDT는 정말 환경 파괴의 적인가?

- 지카 바이러스와 급진적 환경주의에 의한 집단 학살

2019년 시작되어 전세계를 휩쓴 코로나(COVID-19) 바이러스의 창궐로 인해 요즘처럼 사람들이 바이러스에 대해 관심 가진 적도 없을 것이다. 그런데 환경주의자에 의한 살충제의 퇴치가 또 다른 바이

소두증에 걸려 태어난 아기

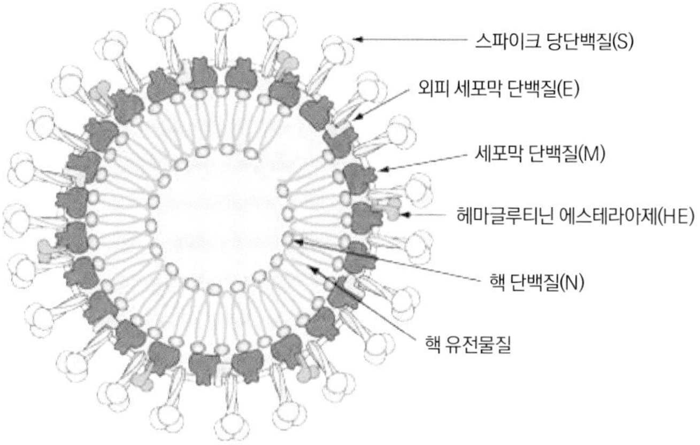

지카 바이러스의 구조

러스의 출현을 가져온다는 것이 아이러니가 아닐 수 없다.

2016년 말라리아 외에 또 하나의 모기 매개 질병인 지카(Zica)가 온 지구촌을 공포로 떨게 만든 적이 있었다. 세계보건기구(WHO)에 따르면 2015년에 발생한 후 브라질을 중심으로 중남미에서 지카에 감염된 사람이 수백만 명이 넘는 것으로 추정되며 소두증에 걸린 아기가 2000명 이상 태어났다고 한다. 무엇보다도 임신한 상태에서 지카 바이러스에 감염될 경우 태아의 두뇌가 성장하지 못하는 소두증에 걸린 채 태어날 가능성이 높다는 사실이 엄청난 공포심을 불러일으켰다. 소두증의 아기는 지적 장애가 되거나 심한 경우 사망에 이르기까지 한다.

지카 바이러스는 뎅기열을 유발하는 바이러스와 같은 플라비 바이러스(Flavivirus) 계열로 대부분의 경우 말라리아처럼 감염된 모기로 전염된다. 지카 바이러스는 뎅기열 바이러스(Dengue fever virus), 황열병 바이러스(Yellow Fever Virus), 웨스트나일 바이러스(West Nile Virus)와 사촌간이다. 이집트숲모기(Aedes aegypti)가 주된 매개체이지만 뎅기열 등의 전염병을 매개하는 아시아산 흰줄숲모기(Aedes albopictus)도 전파가 가능하며 한국에서도 야산이나 군부대 인근에서 서식하는 흔한 모기로 알려져 있다.

지카 바이러스의 전파 경로

지카 바이러스는 1947년 우간다 지카(Zika) 숲에 사는 붉은털원숭이에서 바이러스가 최초로 확인되어 그 이름을 따서 명명되었다.

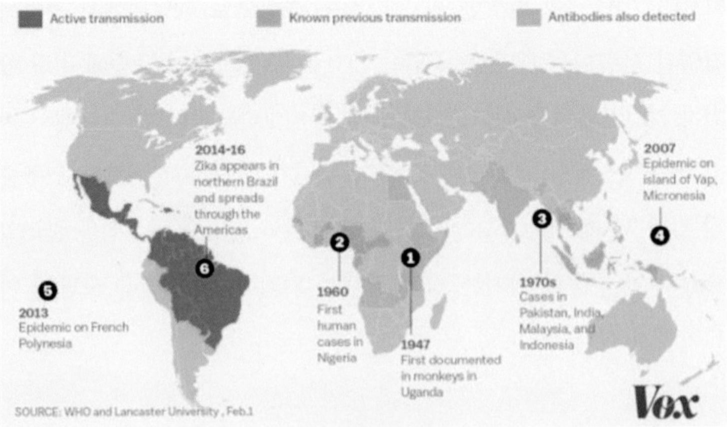

지카 바이러스의 전파 경로

인체 감염 사례는 1952년 우간다와 탄자니아에서 처음 보고되었다. 그 뒤 약 10년 후인 1960년경 나이지리아에서 첫 환자가 나왔으며 1966년에 동남아에서, 그리고 1970년대 후반에는 파키스탄, 인도, 말레이시아 그리고 인도네시아까지 지카 바이러스 감염 환자가 발생했다.

2007년 미크로네시아(Micronesia)의 외딴 야프(Yap) 섬에서 인구가 적음에도 불구하고 처음으로 200명이나 감염되어 공식적으로 지카 바이러스 전염병 유행 위기를 불러왔다. 2013년, 프랑스령 폴리네시아(French Polynesia)에서 지카 바이러스가 유행할 당시는 인구의 11%에 해당하는 3만 5천 건의 감염이 발생하였으며 일부는 소두증과 신경계 질환인 길랑-바레 증후군(Guillain-Barrě syndrome)을 나타냈다. 길랑-바레 증후군은 운동신경이나 감각신경이 마비되는 질환으로 안면마비부터 호흡곤란, 감각이상 등의 증상이 나타난다.

2014년, 브라질에서 월드컵이 열릴 즈음 브라질 북부에서 지카가 발생했다. 어떤 사람들은 같은 시기에 다수의 태평양 섬 주민들이 참가했던 세계 카누 선수권 대회에서 지카가 발생했을 수도 있다고 말한다. 다음해인 2015년, 지카 바이러스 감염은 브라질 전국에 급속히 퍼져나가 약 100만 명이 바이러스에 감염되었으리라고 추정된다. 그런데 지카 바이러스의 유행은 DDT의 사용과 관계가 있는 것으로 알려졌다.

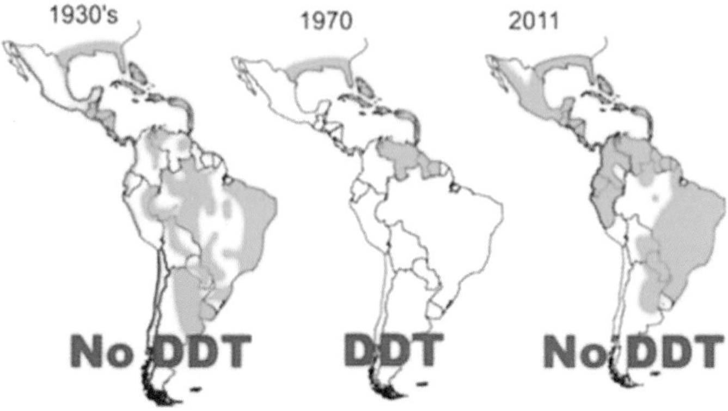

DDT를 썼을 때와 안 썼을 때의 뎅기열, 황열병, 지카 바이러스를 매개하는 모기 분포도

위의 지도는 아메리카 대륙에서 DDT를 금지하기 전과 후의 지카를 매개하는 이집트숲모기의 분포도이다.

2014년 6월에 브라질에서 시작된 지카 바이러스의 유행은 11월 말이 되자 순식간에 다른 국가들로 전파되어, 수리남, 엘살바도르, 과테말라 등 중남미 국가에서 지카 바이러스 감염 환자가 급속도로 증가하기 시작했고 그 결과 소두증과 길랑-바레 증후군과 같은 신경학적 합병증이 많이 보고되었다. 12월 초, 이 질병은 처음으로 멕시코로 퍼져 파라과이, 베네수엘라, 파나마뿐만 아니라 미국에서도 우려를 불러일으켰다. 그러자 세계보건기구는 2015년 2월 1일 국제 공중보건위원회에 지카 바이러스의 발생을 보고했다.

우리나라의 경우 질병관리본부는 2014년 국내 지카 바이러스 감염증 확진자는 16명으로 모두 잠복기(약 2주) 동안에 동남아와 중남미를 다녀왔다고 발표했다.

지카 바이러스의 증상

지카 바이러스는 감염된 모기에 물려 사람에게 전파되며 사람 간의 일상적인 접촉으로는 감염되지 않는다. 다만 드물지만 감염된 사람의 혈액을 수혈 받거나 성적 접촉을 통해서도 감염될 가능성이 있다고 한다.

감염된 모기에 물리면 3~7일이 지나서 증상이 시작되며 최대 잠복기는 2주이다. 지카 바이러스 감염증은 환자의 약 80%가 무증상

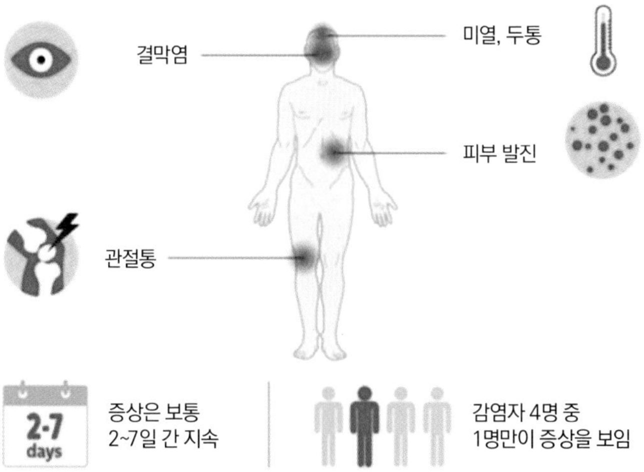

지카 바이러스의 주요 증상

이라고 알려져 있으며, 증상이 있어도 위중하지 않아 실제 환자 수는 보고된 환자 수보다 훨씬 많을 것으로 추정하고 있다. 주요 증상인 발열, 발진, 관절통, 눈 충혈이 있다면 감염을 의심해야 한다. 근육통, 두통, 안구통, 구토도 나타날 수 있다.

2016년 9월, 감염된 임신부에게서 태어난 신생아로부터 소두증이 확진된 사례가 증가함에 따라 세계보건기구(WHO)가 임신기간 중 지카 바이러스 감염이 소두증을 포함한 선천적 뇌 기형의 원인이 될 수 있음을 공식 발표했다. 소두증은 브라질, 콜롬비아를 포함한 총 29개국에서 보고되었으며 브라질에서 2천 건 이상 발생하여 가장 많이 보고되었다. 지카 바이러스 관련 합병증인 길랑-바레 증후군은 현재까지 브라질, 멕시코 등을 포함한 총 22개국에서 발생한 것으로 보고되었다.

지카 전염병과 급진적 환경론에 의한 집단 학살

지카 바이러스가 처음 발견된 지 70년 이상 되었지만 과학자들이나 보건 당국이 지카에 대해 심각하게 우려하기 시작한 것은 2015년부터이다. 아직까지는 이 질병 자체에 대한 백신이나 항바이러스 치료제는 없고 아마도 치료제를 찾아낼 때까지 수십 년이 걸릴지도 모른다고 한다. 2019년 지카 바이러스 발생 지역이 없었는데 2023년 7월 현재 태국에서 110명이 감염되는 등 확산세를 보이자 전세계

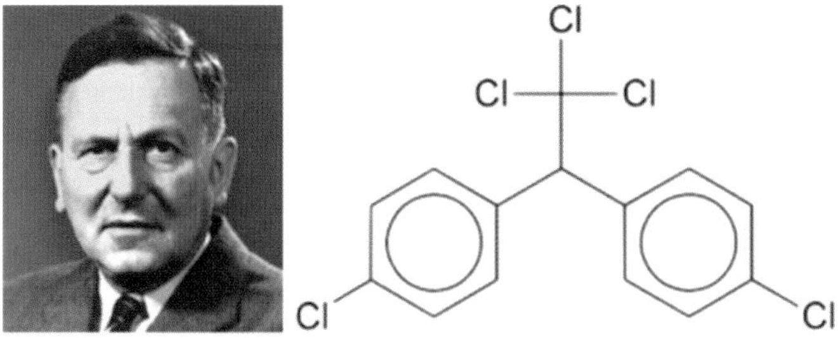

DDT의 효능을 발견한 뮐러와 DDT 분자식

가 주목하고 있다. 모기에 의해서 매개되는 무서운 전염병으로는 말라리아, 뎅기열, 치쿤군야(chikungunya, 급성 열성 질환)에 이어 이제 지카도 합류했는데, 이러한 모기가 매개하는 질병들은 역사적으로 살충제 DDT를 사용하여 모기를 박멸함으로써 거의 퇴치할 수 있었다.

DDT(dichloro-diphenyl-trichloroethane)는 1874년 오스트리아의 자이들러(Othmar Zeidler)에 의해 처음 합성되었다. 1939년 스위스의 과학자 뮐러(P. H. Müller)는 DDT가 강력한 살충 효과를 가지고 있다는 것을 처음으로 발견하고 1942년 DDT를 상품으로 출시했다. 이러한 공로로 뮐러는 1948년 노벨 생리의학상을 받았다.

미국 과학학술원은 DDT가 1972년에 금지되기 전까지 말라리아 병균을 매개하는 모기를 박멸하는 데 성공적으로 사용되어 5억 명의 목숨을 구했다고 추정했다. WHO 사무총장 마가렛 챈(Dr. Margaret Chan, 재임 2006~2017)은 1970년대의 신중하지 못한 DDT 금지로 인해 오늘날 지카의 발생으로 이어졌다는 것을 사실상

인정했다. "무엇보다도 지카의 확산, 뎅기열의 재발 그리고 치쿤군야의 위협은 1970년대 모기 방제에 대한 방대한 정책 실패로 인해 치르게 된 대가이다."

DDT 금지의 정치적 배경

그렇다면 5억 명 이상의 목숨을 구해 인류의 구세주로 칭송받던 DDT는 왜 몰락의 길을 걷게 되었을까? 제2차 세계대전 후 수백만 명의 피난민들과 난민들 사이에서 전염병이 창궐하자 원인이 되는 해충들(이, 벼룩, 모기 등)을 죽이기 위해 DDT를 널리 살포했다. 그 덕분에 대규모의 전염병 확산을 막을 수 있었다. 사람들 몸과 머리에 이

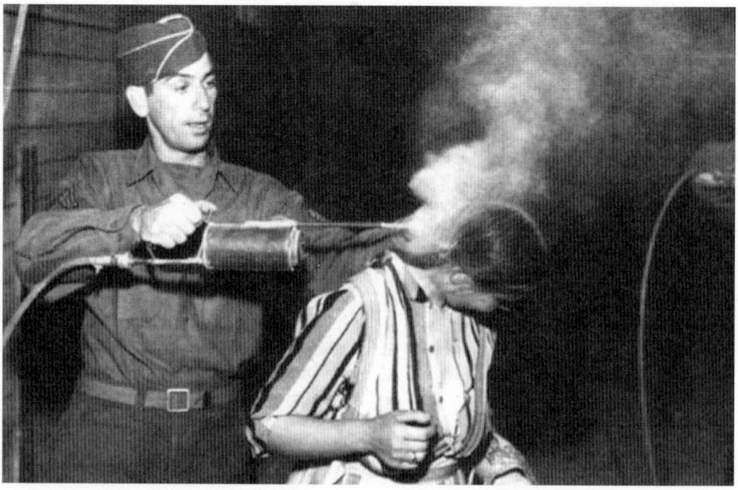

머릿니 박멸을 위해 DDT 분사하기(1960~70년대에는 국내에서도 흔히 보는 광경이었다.)

비행기로 DDT 광역 살포

가 들끓는 것을 방지하기 위해 머리에 직접 DDT를 살포하기도 했다.

DDT는 식량 증산과 전염병 예방을 위하여 농산물, 축산물, 정원 등에 비행기나 트럭을 이용해 무차별적으로 광범위하게 살포되었다. 이러한 대규모 방제 프로젝트가 확산하자 미국 농가, 축산업자, 양봉업자뿐만 아니라 일반 시민들 사이에서도 점차 DDT의 유해성에 대한 의문이 제기되기 시작했다.

'환경운동의 어머니'라 불리는 레이첼 카슨(Rachel Carson)은 1962년 출판한 《침묵의 봄(Silent Spring)》에서 미국 내에서의 무분별한 DDT 사용으로 생태계나 사람의 건강에 끼치는 폐해를 유려한 문장으로 설명했다. 즉 DDT가 암을 일으킬 수 있으며 생태계가 파괴되어 봄이 와도 새들의 노랫소리가 들리지 않는 '침묵의 봄'을 맞

레이첼 카슨과 《침묵의 봄》

게 될 것이라고 지적했다.

카슨의 책은 언론의 집중 조명을 받으면서 비평가의 호평 속에 30주 동안 〈뉴욕타임스〉 베스트셀러 목록에 자리를 차지했다. 《침묵의 봄》은 일반 대중의 열렬한 반응을 불러일으키면서 환경 운동의 시발점이 되었으며, 대규모 항의로 인해서 케네디 대통령은 1963년에 환경문제 자문위원회를 설립했다.

세계보건기구(WHO)는 1969년 "DDT는 말라리아를 퇴치하는 중요한 살충제로 DDT 독성으로 인하여 한 명의 인명 손상도 없이, 전 세계에서 최소 20억 명의 목숨을 구했다. 13만 명의 DDT 분무 요원들이나, 살포 지역 거주민 5억 3500만 명들 중에서 어떠한 증상도 관찰된 경우가 없을 정도로 DDT는 안전하다"고 발표했다.

한편 미국 환경보호청(EPA) 조사위원장 스위니(Edmund Sweeny) 판사는 1971년 8월부터 1972년 3월에 걸친 오랜 청문회 끝에 DDT를 금지할 근거가 충분치 않고 또 DDT의 유익성이 그 어떤 부작용보다도 더 크다고 판정했다. 그럼에도 불구하고 2개월 후 당시 환경보호청장 러클스하우스(William D. Ruckelshaus)는 이 판정을 뒤집고 1972년 12월 31일 DDT를 금지시켰다.

그런데 농약을 금지하기 전 그는 미국 법원 청문회에서 "DDT는 안전성에 있어서 매우 놀랄 만한 기록을 가지고 있으며 사람이나 동물에 독성 반응을 일으키지 않으며 유해하지도 않다"고 분명하게 밝혔다. 몇 년 후 러클스하우스는 1976년 4월 26일 앨런 그랜트(Allan Grant) 미국 농장연맹 회장에게 보낸 편지에서 DDT를 금지한 그의 결정은 환경보다는 정치적인 우려에 근거했음을 고백했다. 말하자면 DDT 금지는 정치적 압력을 이용해 과학적 회의론을 중단시키고 관련 의제를 힘으로 제압하는 환경 운동의 첫 번째 승리라고 하겠다.

이에 대해 외과의사 쾨닉(Harold M. Koenig)은 "분별 있게 사용하면 DDT는 사람과 환경에 아주 안전하다"고 말하면서 오랫동안의 DDT 사용 금지에 대해 이렇게 덧붙인다. "오늘날 대부분의 정치인들은 무엇이 옳으냐보다 오히려 재선되는 것에 더 관심이 많다. 그들은 대부분 과학적 배경 지식이 매우 약하여 자신들이 만드는 정책 결정의 영향을 제대로 이해하지도 못하고 그에 따른 심각한 결과가 올 것이라는 것을 선거구민들에게 이해시킬 수도 없다. 예를 들면

DDT의 금지와 같은 이런 좋지 않은 공공정책은 정치가들이 전체적인 맥락을 파악하여 DDT 같은 살충제가 안전하게 사용될 수 있는 방법이 있음을 일반 대중들에게 교육하기보다는 극렬주의자들의 일방적인 주장을 그대로 따라가는 것이 더 쉽기 때문이다. 전세계에서 DDT 사용 금지는 무식한 정도가 아니라 바보 같은 짓이다."

전문적 지식을 가진 과학자보다 환경운동가 또는 정치가의 말이 더 중요하게 여겨지는 이와 똑같은 일이 우리나라에서도 일어나지 않는다고 장담할 수 있을까?

어쨌든 미국에서 시작된 DDT 금지는 1995년 유엔 환경계획 이사회가 잔류성 유기오염 물질의 생산 및 사용을 금지하는 범세계적인 행동을 취할 것을 요구했으며 2010년 3월까지 회원국은 169개국으로 늘었다. 지금도 살충제의 총 사용량은 계속 증가하고 있지만 아직까지는 DDT에 견줄 만한 저렴하고 좋은 성능을 가진 살충제는 발견되지 않았다.

한 가지 분명한 결론은 전세계의 DDT 금지를 가져온 20세기 후반의 환경운동 이후, 그 전에는 근절되었던 수많은 곳에서 말라리아가 다시 극적으로 재유행되기 시작했다는 사실이다. 세계보건기구(WHO)는 2015년에만 해도 2억 1200만 건의 말라리아 환자가 발생하였으며 42만 9000명이 이로 인해 사망했다고 발표했다. 그런데 말라리아 발생 건수의 90%, 그리고 사망자의 92%가 아프리카 사하라

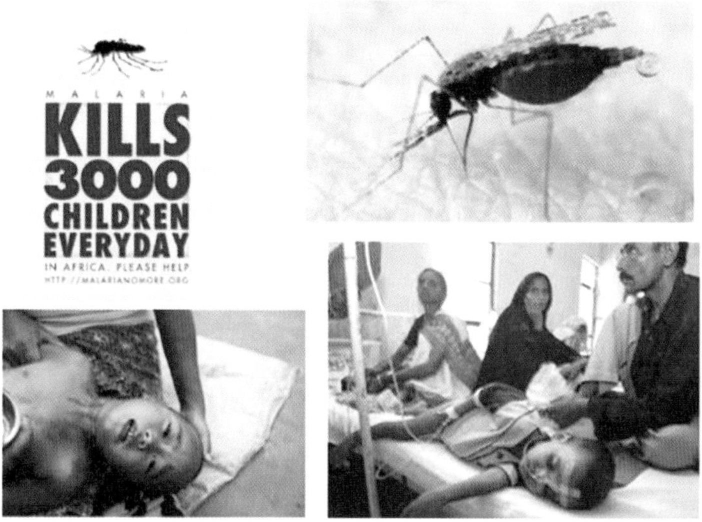

DDT 금지의 최대 피해자는 아프리카 어린이들이다

사막 이남 지대의 5살 미만 어린이들에 집중되어 있어 아프리카 어린이들이 매 2분마다 한 명씩 말라리아로 사망한다. 논쟁의 중심은 지금까지 DDT를 가장 많이 사용한 환경오염의 주범 국들이 아닌 가난한 아프리카 어린이들이 DDT 금지로 가장 큰 희생자가 되고 있다는 데 있다.

급진적 환경론자들은 말라리아로 사람들이 죽는 것은 불행한 일이지만 DDT로부터 자연환경을 보호하기 위한 인류의 노력에 따르는 부수적인 희생자라고 본다. 즉 알껍데기가 얇아져서 새의 개체수가 줄어들 것을 우려하면서 매년 수십만의 아프리카 어린이들이 죽는 것은 부차적인 문제로 보는 것이다.

《인구 폭탄》의 저자 에를리히(Paul Erlich)는 지구가 직면하고 있는 가장 큰 문제는 '인구 폭발'이며 DDT가 말라리아로 사람들이 죽는 것을 방지함으로써 그 대신 천천히 기아로 죽어가게 되는 것은 더 잔인하다고 말한다. 다른 말로 표현하면 말라리아로 인해 아프리카 사람들이 죽는 것은 자연의 인구 조절의 한 방식이라는 것이다. 반면 일부 과학자들은 DDT 금지를 주장하는 극단적 환경론자들은 가난한 아프리카 어린이들을 집단학살하고 있다고 비난하고 있다. 극렬 자연환경론자들이 우생학(優生學) 신봉자였던 히틀러와 다를 바가 없다는 것이다.

지카 확산 저지를 위한 DDT의 귀환

미국 과학·보건위원회의 길버트 로스(Gilbert Ross) 박사는 DDT를 사용하면 지카의 확산을 막을 수 있다며 다음과 같이 말한다. "아마도 합법적인 해결책은 DDT일 것이다. 비록 그것이 완벽하지는 않지만—일부 DDT 저항성 곤충의 출현—적어도 지카 전염병을 부분적으로 억제할 수 있는 가장 좋은 기회가 될 것이다."

미국 의사협회 사무국장 오리엔트(Jane Orient) 박사도 비슷한 견해를 가지고 있다. 그녀는 DDT가 지카의 확산을 막는 데 도움이 된다면서 "DDT가 말라리아를 퇴치하는 데 역사상 가장 효과적인 공중보건 무기였기 때문이다. DDT는 다른 살충제들과 비교해 값이 가장 저렴하면서도 가장 효율적이며, 사람이나 동물들에게 미치는 독성이 훨씬 적다. 과거에 DDT를 대량으로 광범위하게 농업에서 과잉으로 사용한 경험에 비추어 우리는 이에 대하여 많은 것을 알고 있다. DDT는 새를 죽게 하지 않았다. 질병관리본부(CDC)에서 추천하는 살충제 DEET(diethyl toluamide)가 아마도 더 해로울 것이다. 만일 그들이 DDT를 금지한다면 어떠한 것도 다 금지할 수 있다"라고 말한다.

하긴 어느 살충제도 과거의 DDT처럼 대규모로 무차별 살포하고 인체에도 뿌려댄다면 DDT보다 더한 독성을 나타낼 수도 있겠다. 그러나 지난 45년 간 이미 수천만 명의 아프리카 어린이들이 잘못된 정책으로 죽었는데, 이제 와서 잘못을 인정하고 되돌리기란 매우 어려운 일일 것 같다.

CHAPTER 4

천재 과학자의 독특한 생애

16

중세 유럽의 위대한 수학자 피보나치

– 피보나치 수열과 황금비율·황금사각형·황금나선

아마도 중세 유럽의 가장 위대한 수학자는 1170년경 이탈리아 피사에서 태어난 레오나르도 피사노(Leonardo Pisano, 1170?~1250?)이다. 그러나 오늘날에는 레오나르도 피사노라는 이름보다는 보나치의 아들이란 뜻의 필리우스 보나치(filius Bonacci)를 줄인 피보나치(Fibonacci)라는 이름으로 더 잘 알려져 있다.

그의 일생에 대해서는 별로 알려진 것이 없으며, 초상화조차 남아 있지 않아 피보나치 조각상은 후대에 피사의 시민들에 의해 세워진 것이다.

피보나치는 북아프리카 부지 항(Bougie港)의 세관원이던 아버지 직업 때문에 어린 시절을 그곳에서 자라면서 아랍계 이슬람 학교에서 아라비아 수학을 배웠다.

그 후 이집트, 시리아, 그리스, 시칠리아 등 지중해 연안을 두루 여행하면서 많은 무역상들을 만나고 그들의 계산술을 배우게 된다. 그는 인도·아라비아 숫자 체계가 그 어떤 것보다도 실용적이며 우수하다는 것을 깨닫고 피사로 돌아와 1202년 《산반서(算盤書)》를 저술했다. 15장으로 된 《산반서(Liber abaci: The Book of Calculations)》는 중세 암흑기 동안 잠자고 있었던 유럽 수학에 활기를 되찾게 해준 가장 영향력 있는 수학 교재들 중 하나이다.

피보나치 조각상

이 책은 산술과 대수에 관한 책으로 유명한 페르시아 학자 알 콰리즈미(Al-Khwarizmi, 780?~850?)의 대수학에 관한 책 《완성과 균형에 의한 계산 이론(Hisab Al-Jabr wal Muqabala)》으로부터 많은 영향을 받았다. 피보나치는 《산반서》를 통해 아라비아 숫자, 좀 더 정확하게는 인도-아라비아 숫자를 유럽으로 소개하는 중요한 역할을 했다.

로마 숫자를 대신해 유럽에 인도-아라비아 숫자 체계가 보급됨으로써 근대수학으로의 발전이 이루어지게 된다. 피보나치는 그의 책에서 무게, 측정, 물물교환, 이자, 지중해 지역에서 사용되는 여러 종류의 화폐의 환전과 같은 실제 상업에서 쓰이는 문제들에 아라비아 숫자를 응용함으로써 대중에게 새로운 숫자 체계의 우수성을 확신시켰다. 그러나 로마 숫자에 비해 너무 간단하고 편리하다 보니 1299년 피렌체의 상인들은 인도-아라비아 숫자의 사용을 금지하는 조례까지 반포했다. 이유는 로마 숫자에서는 가령 돈 1000리라를 1999리라로 변조하여 속이는 것이 불가능하지만 인도-아라비아 숫자에서는 너무 쉽다는 것이다.

《산반서》의 나머지 부문에서는 실제적인 문제보다는 이론적인 부문에 관심을 기울여 정수와 분수의 계산법, 수열과 비율, 제곱근과 세제곱근을 구하는 법, 그리고 이차방정식의 해법 등을 다루고 있어 수세기 동안 유럽 여러 나라에서 수학의 원전(原典) 역할을 했다. 《산반서》에는 수수께끼 같은 상당히 재미있는 문제들을 수록하고 있는데 그 중 '피보나치 수(Fibonacci Number)'로 우리에게 잘 알려진 토끼의 번식에 대한 문제를 소개해 본다.

예) 한 쌍의 토끼가 매월 한 쌍의 토끼를 낳고, 태어난 한 쌍의 토끼가 다음 달부터 한 쌍의 토끼를 매월 낳기 시작한다면, 처음 한 쌍의 토끼로부터 1년 간 총 몇 쌍의 토끼가 태어날 것인가?

이 결과로부터 생기는 피보나치 수열은 다음과 같다.

1, 1, 2, 3, 5, 8, 13, 21, 34, 55, ……

이를 유명한 '피보나치 수열'이라 하고, 이 수열에서 나타나는 수들을 '피보나치 수'라고 한다. 즉, 첫 번째 항과 두 번째 항의 수를 1이라고 하면 이후의 항들은 앞의 두 항을 더한 수로 수열이 이루어진다.

피보나치는 1220년에 두 번째 저서 《실용 기하학(Practica Geometriae)》을 저술하는데 이 책은 유클리드와 아르키메데스를 비롯한 고대 그리스 대가들의 저작에서 많은 영향을 받았다.

1225년에는 비록 가장 유명한 저작은 아니지만 걸작이라고 할 수 있는 《제곱근의 책(Liber quadratorum)》을 저술했다. 이 책으로 피보나치는 알렉산드리아의 디오판토스(Diophantus, ?~200AD)와 17세기 프랑스 수학자 페르마(Pierre de Fermat) 사이에 수론(The Number Theory) 분야에서 중요한 공헌을 한 인물의 반열에 올랐다. 이 책은 다른 문제들과 함께 피타고라스 3원수(Pythagorean triples)를 찾는 방법을 기술하고 있다.

피보나치의 두 가지 중요한 수학적 업적을 좀 더 자세히 살펴보기로 한다.

유럽에 십진법을 도입하다

인도-아라비아에서 기원한 10개의 부호(1,2,3,4,5,6,7,8,9,0)를 사용해 표기하는 십진법에서는 로마나 그리스 체계에서 없는 0이란 매우 중요한 부호가 있다. 인도의 종교와 철학에서 특별히 무(無)라는 개념이 중요한 의미를 갖는만큼, 0의 기원이 인도인 것은 상당히 자연스러운 일인 것 같다.

유럽에서 사용하고 있던 로마 숫자(I, II. III…)를 인도-아라비아 숫자로 바꾸는 데는 다음과 같은 규칙을 따른다.

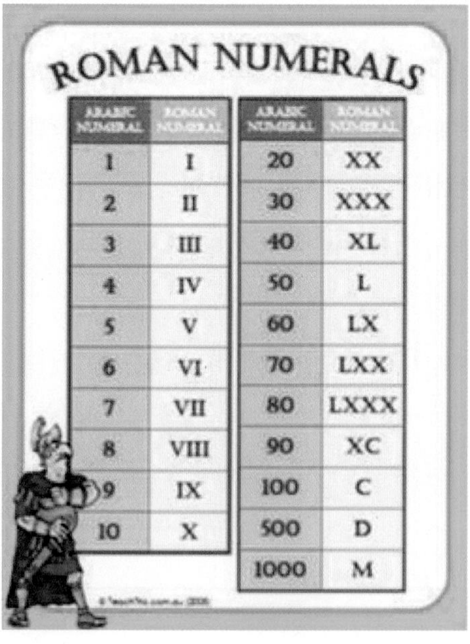

ROMAN NUMERALS

ARABIC NUMERAL	ROMAN NUMERAL	ARABIC NUMERAL	ROMAN NUMERAL
1	I	20	XX
2	II	30	XXX
3	III	40	XL
4	IV	50	L
5	V	60	LX
6	VI	70	LXX
7	VII	80	LXXX
8	VIII	90	XC
9	IX	100	C
10	X	500	D
		1000	M

아라비아 숫자와 로마 숫자 비교

● 원하는 아라비아 숫자를 나타내기 위하여 표에서 나타내고 있는 여러 로마 숫자를 결합하여 이들의 합으로 나타내는데 큰 수부터 로마 숫자를 왼쪽에서부터 오른쪽으로 쓴다. 같은 로마숫자는 최대 세 번까지 반복하여 쓸 수 있다.

예) 7, 30→VII(5+1+1), XXX(10+10+10)

● 로마 숫자의 표기 순서가 값을 빼야 하는지 또는 더하는지를 결정한다. 만일 큰 로마 숫자 뒤에 작은 숫자가 한 번 또는 여러 번 반복해서 오면 더하기이다. 반면 작은 로마 숫자가 큰 숫자 앞에 놓인 경우는 빼는 경우로 단 한 번만 작은 수가 앞에 올 수 있다.

예) 8, 9, 60, 90→VIII(5+1+1+1), IX(10-1), LX(50+10), XC(100-10)

● 또한 빼는 경우에는, 10의 제곱수(I, X, C…)만을 뺄 수 있다. 가령 95를 로마 숫자로 표기한다면, 95는 VC(100-5)로 표기할 수 없고 대신 XCV(100-10+5)로 표기한다.

● 로마 숫자 또는 숫자들 위에 막대(bar)를 그으면 숫자의 값은 1000배로 증가한다.

예) (XV = 15, (X-bar)(V-bar) = 15,000)

위와 같은 규칙을 적용하여 1998을 로마 숫자로 표기하면 매우 긴 MDCCCCLXXXXVIII가 된다.

피보나치 수와 자연의 법칙:
황금비율과 황금분할, 황금사각형, 황금나선

피보나치 수열

앞의 토끼 번식 문제에서 결과적으로 생기는 피보나치 수열은 1, 1, 2, 3, 5, 8, 13, 21, 34, 55, … 이며 첫 번째와 두 번째 피보나치 수를 각각 F1 = 1, F2 = 1라고 하면 임의의 n번째 피보나치 수는 일반식 Fn = Fn-1 + Fn-2로 주어진다. 즉 처음 두 항은 1이고, 세 번째 항부터는 바로 앞의 두 숫자의 합이 된다.

피보나치 수열은 경이롭게도 자연에서도 나타나는데 식물 줄기에 나는 잎의 배열에서부터, 꽃잎들의 패턴, 솔방울 포엽, 파인애플 껍질, 꿀벌의 가계도 등 자연 곳곳에서 찾아볼 수 있다. 가령 단세포,

꽃잎 수가 피보나치 수열을 따르고 있다(1, 3, 5, 8, 13, 21)

밀알, 벌집 그리고 인류까지를 포함하는 모든 생물의 성장에서 피보나치 수의 패턴을 발견할 수 있으며 이는 일종의 자연의 번호체계 또는 자연의 법칙이라 할 수 있겠다. 앞의 사진에서 자연에서 흔히 발견되는 꽃잎들의 수가 피보나치 수열(1, 3, 5, 8, 13, 21, 33)을 따르는 것을 볼 수 있다.

물론 식물들이 피보나치 수열이란 수학을 알고 있어서가 아니라, 단지 물리적 제약에 따라 자신에게 가장 효율적으로 자란 것뿐이다.

피보나치 수열과 황금비

아래 그림 (A)와 같이 선을 한 점에 의하여 2개로 분할하여 a 대 b의 비율이 a+b 대 a 의 비율과 같고 a〉 b 〉 0 이라 하면 이를 황금분할(golden section)이라고 한다.

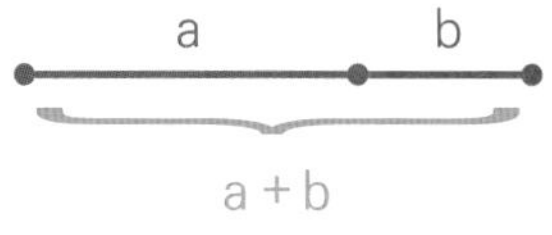

(A)

즉, $(a+b)/a = a/b = \varphi$ (Phi), $\varphi = (1+\sqrt{5})/2 = 1.618033989 \cdots$ 이고 이것이 황금비이다.

황금비율이라는 이름은 가장 아름답게 조화를 이루는 비율이라 하여 붙여졌으며 신성한 비율(divine ratio)이라고도 불린다. 그리고

ratio	value
1/1	1.00000
2/1	2.00000
3/2	1.50000
5/3	1.66667
8/5	1.60000
13/8	1.62500
21/13	1.61538
34/21	1.61905
55/34	1.61765
89/55	1.61818

위의 표에서 보는 것처럼 피보나치 수열의 인접한 두 항의 비(뒷수와 앞수의 비)의 값으로 만든 수열의 항은 황금비의 값에 수렴한다.

아래 그림은 황금비율의 한 예로서 르네상스 시대의 천재 레오나르도 다빈치의 유명한 '비트루비안 맨'과 인간의 팔과 손가락의 구조

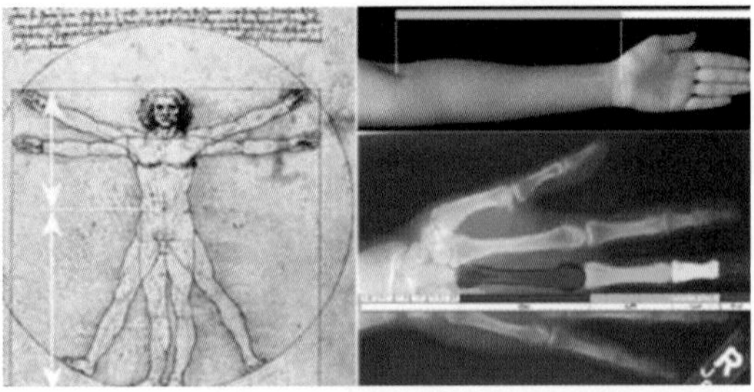

인체의 황금비(레오나르도 다빈치)

가 황금비를 이루고 있음을 보여주고 있다.

황금사각형(golden rectangle)과 황금나선(golden spiral)

아래 그림에서 b사각형의 두 변의 길이 비가 a / b =φ(Phi) = $(1+\sqrt{5})/\ 2$ = 1.618033989……로 황금비를 이루면 이를 황금 사각형이라 부른다. 그 이유는 인간이 볼 때 가장 안정적으로 보이는 사각형이기 때문이다. 또한 같은 그림에서 두 변의 길이가 a와 b인 오른쪽 직사각형 옆에 길이가 a인 파란색 정사각형이 놓이면 그 결과 긴 변의 길이가 a+b, 짧은 변의 길이가 a인 황금사각형이 다음 관계에서 만들어진다.

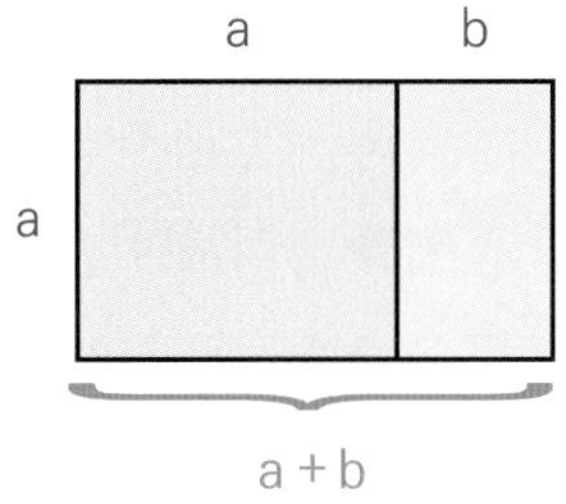

(B)

$(a+b)/a = a/b = \varphi$ (Phi)

황금비는 그림, 건축, 디자인 등에서도 광범위하게 쓰이는데, 다음 사진은 황금사각형의 몇 가지 예이다.

황금 사각형

황금나선은 성장계수가 황금비율 φ 인 로그나선(logarithmic spiral)으로 즉, 매 1/4 회전을 할 때마다 황금비 φ 만큼 넓어지며 피보나치 나선은 황금나선과 매우 유사하다. 아래 그림에서 (A)는 한 변의 길이가 일련의 1, 1, 2, 3, 5, 8, 13, 21이란 피보나치 수를 갖는 정사각형의 피보나치 타일들을 나타내며 인접한 정사각형의 두 변

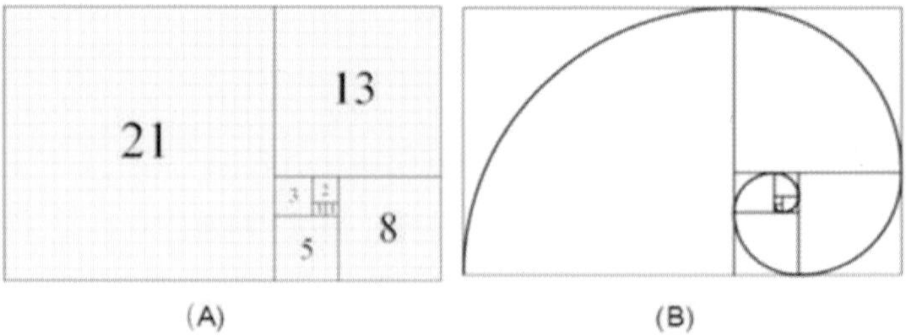

피보나치 타일(A)과 황금나선(B)

자연에서도 황금나선을 볼 수 있다

의 비가 황금비 φ (~1.618)에 수렴할 때, 피보나치 나선은 황금나선에 거의 일치한다. 피보나치 나선은 정사각형의 서로 반대쪽 모서리를 1/4 원호(circular arc)를 그려 이 호들을 연결하여 얻으며 나선은 무한히 뻗어 나갈 수 있어 성장과 같은 동적인 상태를 나타내는 자연에서 자주 발견된다.

일정한 황금비율(1.618)을 유지하며 팽창하는 황금나선의 특징은 앵무조개 껍질의 무늬, 해바라기나 솔방울의 씨의 배열, 파인애플 껍질, 선인장이나 식물의 잎, 나선 은하 그리고 허리케인 등에서 찾아볼 수 있다. 매우 경이롭기만 한 자연이 만든 작품들이다.

다음 그림에서 해바라기 씨들의 배열을 조금 더 자세히 관찰해보

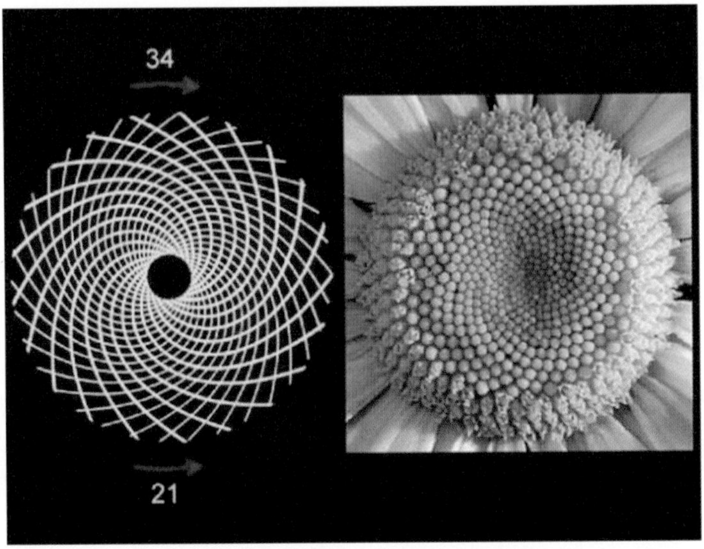

해바라기 씨의 배열에는 두 종류의 나선이 있다

면 두 종류의 나선 시리즈를 볼 수 있다. 즉 하나의 나선 시리즈는 오른쪽 방향으로 돌고 있고 다른 시리즈는 교차해서 왼쪽 방향으로 돌고 있으며 이 나선들의 수는 일반적으로 21과 34, 34와 55, 55와 89, 또는 89와 144로 피보나치 수들이다.

피보나치 수열에서 만일 인접해 있는 두 숫자의 비에다 360°를 곱하고 그 값을 360°에서 빼면, 두 인접한 피보나치 수가 커질수록 각도는 137.5°에 점점 더 근접해 가는데 이를 황금각(golden angle)이라 한다. 즉 황금각이야말로 해바라기 씨가 빈 틈을 만들지 않고 촘촘하게 나선으로 교차해서 채워질 수 있는 유일한 각도인 것이다.

황금비는 예로부터 자연계의 가장 안정된 상태를 나타내는 것으로 알려져 있어 수학과 과학 분야에서 매우 중요하게 다루어졌다. 미술, 건축, 디자인, 음악 등과 같은 아름다움과 완전함을 추구하는 분야뿐만 아니라 황금비는 우주의 법칙을 내포하고 있다고 생각하여 고대로부터 우주 속에 숨겨져 있는 창조주의 비밀 코드를 해독하려는 신성한 기하학에 관한 연구가 지속되어 왔다.

인류 역사상 가장 위대하고 가장 영향력 있는 과학자로 인정받고 있는 아이작 뉴턴도 솔로몬 신전의 황금분할, 황금나선 등 신성한 기하학에 심취하여 신의 계시를 받아 신성한 비율로 솔로몬 왕이 디자인한 신전이 다시 재건될 때 예수가 재림한다고 믿었다고 한다.

17

약국의 견습생에서 노벨 화학상 수상자로

– 앙리 무아상

20여 년 전 중국의 최고 명산으로 꼽힌다는 황산에 가족 여행을 간 적이 있다. 험준한 협곡 사이로 천 길 낭떠러지 절벽을 파서 계단을 놓아 결코 끝날 것 같지 않은 아찔한 구간이 끝도 없이 이어졌다. 금방이라도 추락할 것 같은 공포감에 사로잡혀 있는데, 앞에서 깡마른 50대의 짐꾼이 긴 장대 끝에 무거운 짐을 매달아 어깨에 지고 힘겹게 산 위로 올라가고 있었다. "한 가정의 아버지 어깨의 무게가 이렇게 무거운 것인가"라는 생각이 들면서 가슴이 아려왔다. 가끔 EBS TV 프로그램 '극한직업'을 시청할 때마다 예전의 이 기억이 되살아나곤 한다.

그런데 상상을 초월하는 극한 상황에서 한 가족의 생계 때문이 아니라 진리 탐구에 대한 열정으로 과학을 위해 목숨을 담보하는 미친(?) 과학자들의 생애를 종종 과학사에서 만나게 된다.

앙리 무아상

가령 1670년 플루오린화 수소(HF: 관용명 불화수소) 존재가 알려진 이후 약 200년 동안 독성이 있고 반응성이 강한 불화수소에서 순수한 플루오린(F_2: 관용명 불소)을 분리하고자 많은 화학자가 뛰어들어 몸을 상하거나 목숨을 잃었다. 오죽하면 불소를 분리하려다 죽은 화학자들을 기려 '불소 순교자'라고 불렀겠는가?

그런데 프랑스의 무기화학자이며 약사인 앙리 무아상도 바로 이런 못말리는 열정 과학자이다. 그는 200년 동안 풀지 못한 난제에 도전하여 마침내 불화수소(HF)에서 불소(F_2)를 분리하여 불소 화학의 장을 열었다.

또한 무아상은 섭씨 3500도 이상의 무아상 전기로를 설계·제작함으로써 과학적 연구뿐 아니라 고온 화학의 새로운 장을 열어 산업 활동에 새로운 분야를 개척한 공로로 1906년 프랑스 최초로 노벨 화학상을 수상한다.

앙리 무아상은 스톡홀름에서 노벨상을 받고 고국으로 돌아온 후 두 달 만에 사망하는데 과학자들은 불소와 일산화탄소에 반복적으로 노출되어 건강이 나빠진 것이 그의 죽음에 영향을 주었으리라 추측한다.

약국의 견습생에서 노벨상 수상자가 되기까지 '무아상 전기로'의 뜨거운 불꽃처럼 연구에 열정을 바친 무아상의 일생을 살펴본다.

청소년 시절

앙리 무아상(Henri Moissan, 1852~1907)은 1852년 9월 28일 파리에서 철도 회사 직원과 재봉사의 아들로 태어났다. 1864년 가족이 파리에서 북동쪽으로 41킬로미터 떨어진 있는 모(Maux)로 이사하자 앙리는 지역 학교에 다녔다. 그는 좋아하던 화학 과목 외에는 다른 과목은 공부하지 않아서 대학 입학 자격시험인 바칼로레아에 합격하지 못하고 학교를 떠나야 했다.

1869년 그는 시계 제작공의 견습생이 될 생각으로 중등학교 특별 자격증을 취득했는데, 프로이센과의 전쟁이 일어나 무아상 가족은 파리 근교로 피난을 간다. 이 뜻하지 않은 일로 앙리는 당시 바칼로레아 합격증이 필요하지 않은 2급 약학 학위 학생으로 등록할 기회를 얻게 되어 1871년 약학 견습생이 된다.

그 후 무아상은 여러 해 동안 좋아하는 약학과 실험화학에 전념했다. 1872년 파리의 국립자연사 박물관의 프레미(Edmond Frémy)가 이끄는 실험화학실에서 1년 간 지낸 후 역시 박물관 내의 드랭(Pierre Paul Dehérain)의 연구실에 합류하여 식물 생리학을 연구한다.

1874년, 드랭의 지도하에 식물의 이산화탄소와 산소 대사에 관한 첫 번째 과학 논문을 발표한다. 무아상의 능력에 깊은 인상을 받은 드랭은 학업을 계속하라고 설득하여 그는 독학으로 예전에 실패했던 바칼로레아에 합격하여 1874년 파리 약학대학에 입학한다.

마침내 1879년 약학대학에서 약사 자격을 취득하고 1880년엔 파리 과학대학에서 시아노겐(cyanogen)과 시안화물(cyanides)의 생성 반응에 대한 논문으로 박사학위를 받았다. 그는 약학대학에서 보수가 적은 강사이자 실무 책임자로 일했는데 추가 수입을 위해 맞춤형 사설 분석 연구소를 인수해 그곳에서 자신의 실험을 수행하며 몹시 바쁘게 지냈다.

1882년, 무아상은 처음 일했던 약국의 부유한 약사의 딸과 결혼한다. 장인의 재정적·도덕적 지원 덕분에 생계를 신경 쓰지 않게 되자 1884년이 되어서야 비로소 자신의 과학적 목표인 불소 분리 문제에 집중할 수 있었다.

할로겐족에서 가장 치명적인 원소와 정체 규명의 과정

할로겐족에 속하는 불소 원소의 분리는 무기화학에서 오랫동안 해결되지 않은 주요 난제 중 하나였다. 다음 주기율표에서 보듯이 할로겐(halogen)은 17족 원소—위에서 아래로 불소(F), 염소(Cl), 브롬(Br), 요오드(I) 및 아스타틴(At)—를 일컫는다.

이 원자들의 최외각 전자 껍질에는 7개의 전자가 있어 1가의 음이온이 되기 쉽고 따라서 최외각 전자 껍질에 1개의 전자를 가진 수소 또는 알칼리 금속과 격렬하게 반응하여 금속염을 만든다. 할로겐의 반응성은 원자번호가 작을수록 높아져서 불소가 가장 반응성이 높으며 또한 할로겐 원소들의 대부분은 독성이 강하고 잠재적으로 치명적이다.

할로겐 원소 가운데 가장 먼저 발견된 것은 염소(Cl)인데 1774년 스웨덴의 약제사이자 화학자인 카를 셸레(Carl Scheele)가 염산에 이산화망간을 넣어 황록색의 기체가 생성되는 것을 발견하고 이 기

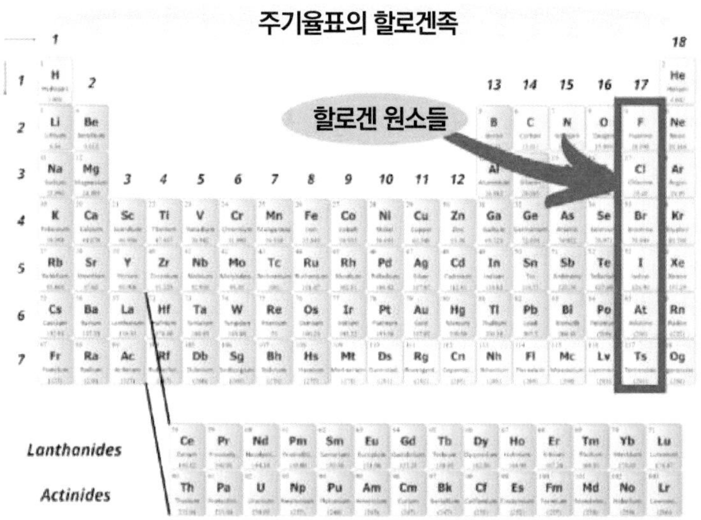

주기율표

체를 염소라고 명명했다. 염소 기체는 유독성이 강해 생물에게 아주 위험한데 독일은 제1차 세계대전에서 최초로 염소가스를 화학무기로 사용했다.

한편 불소(F)는 1670년 독일의 유리 장인 슈반하르드(Heinrich Schwanhard)가 유리병에 담은 황산 용액에 형석을 넣어 유리가 뿌옇게 되는 것을 발견하고 유리 표면을 가공할 때 이 용액을 사용했는데 이 과정은 수년 간 영업 비밀로 유지되었다.

1771년에 이르러 셸레는 슈반하르드의 발견을 자세히 검토하고 형석이 황산에 녹으면서 어떤 산으로 바뀐다고 추측하고 이를 '플루오린화 수소산(hydrofluoric acid)' 또는 관용적으로 '불산'이라고 불렀다. 그런데 셸레는 자신이 분리한 모든 새로운 화학물질의 냄새를 맡고 맛을 보는 습관이 있었다. 이 습관은 의심할 여지 없이 그가 43세라는 나이로 요절하는 원인이 된다.

이후 화학자들은 점차 불산에 관심을 갖기 시작했다. 영국의 데이비(Humphrey Davy)는 형석을 진한 황산과 반응시켜 증류한 기체를 전기분해했는데 백금 장치의 부식으로 인해 실패로 돌아가자 그것이 무엇이든 간에 놀라운 반응성을 갖고 있다고 결론지었다.

1810년 앙페르(André-Marie Ampere)는 불산의 특성에 염산과 비슷한 점이 있다는 것을 발견하고 여기에는 염소와 비슷한 미지의 원소가 들어 있다고 확신했다. 그는 형석(CaF_2)이 칼슘과 이 미지의 원소로 이뤄져 있다고 추측한다. 이제 남은 과제는 미지의 원소를 순수한 상태로 분리해서 새로운 원소임을 입증하는 것이다.

불소 분리를 위한 고난의 행군과 '불소 순교자'

앙페르는 자기 생각을 당시 최고의 화학자였던 영국의 험프리 데이비에게 편지로 알렸고 데이비는 1811년 미지의 이 원소를 형석(fluorite)에서 따와 플루오린(fluorine: 불소)이라고 이름지었다. 이렇게 해서 불화수소로부터 불소를 분리하려는 도전에 겁 없고 열정으로 가득찬 많은 화학자들이 뛰어들어 기나긴 고난의 길이 시작되었다. 불소는 워낙 반응성이 커서 불소 분자(F_2)가 만들어지자마자 금세 다른 원소와 반응해 금속염으로 바뀌는 문제가 있었다.

불소를 분리하려는 과정은 매우 위험하여 이 과정에서 여러 화학자가 죽거나 실명하기도 했다. 저명한 영국의 험프리 데이비는 눈과 손을 다쳐 고생했고 프랑스 화학자 게이뤼삭(Joseph Louis Gay-Lussac)과 테나르(Louis Jacques Thénard)는 불화수소 가스에 중독되어 심한 고통을 겪었다. 아일랜드의 화학자 토머스 녹스와 조지 녹스(Thomas & George Knox)는 불화수소를 연구하기 위한 형석 장치를 개발했지만, 심각한 중독으로 토머스는 거의 죽을 뻔했고 조지는 3년 동안 장애로 고통을 받았다. 벨기에 화학자 루예(Paulin Louyet)와 프랑스의 화학자 니클레스(Jérôme Nicklès)는 녹스의 연구를 이어가려고 했으나 위험성을 알고 있었음에도 불화수소(HF) 중독으로 사망했다.

덧붙인다면 불소의 유독성이 알려진 지 100년이 지난 후에도 사고가 끊이지 않았다는 점이다. 2012년 9월 경북 구미의 국가산업단지 내 화학제품 생산업체에서 탱크로리에 실린 불화수소 가스를 공장 내 설비로 옮기던 중 가스 누출로 5명이 사망하고 반경 700미터 이내 농작물이 말라 죽는 사고가 발생했다.

그런데 21세기 문명의 쌀이라고 하는 반도체 제조공정에서 불화수소는 에칭 공정과 불순물 제거 과정에서 사용되어 에칭가스라고도 부르는데 2019년 일본이 초고순도(99.99~99.999%) 에칭가스의 수출을 규제하여 우리나라 반도체 생산에 차질을 가져오기도 했다.

이처럼 19세기 후반에 수많은 시도가 이루어졌지만 '불소 순교자'만 잇따랐을 뿐 불소를 분리하는 것은 거의 불가능해 보였다. 그런데 무아상의 첫 번째 멘토인 프레미가 순수한 무수 하프늄과 소위 프레미의 염(Fremy's salt)이라 불리는 이불화수소칼륨(KHF_2)을 제조하는 데 성공하여 중요한 토대가 만들어진다.

1886년: 앙리 무아상의 불소 기체 분리

프레미(Edmond Fremy, 1814~1894)는 무수 불화수소, 용융 불화칼슘 또는 불화 칼륨을 전기분해하여 불소를 분리하는 해결 방안에 매우 근접했지만, 그러나 이러한 화합물을 높은 융점(293°C)을 가진 이불화수소칼륨(KHF_2)으로 대체할 생각을 하지 못했다.

74년 간의 수많은 화학자의 고행 끝에 마침내 1886년 6월 26일 프레미의 제자였던 앙리 무아상이 원소 불소(F)를 분리하는 데 성공한다. 그도 전기분해를 시도했지만 값비싼 백금 전극만 부식되어 실험을 망치는 실패를 거듭한 끝에 매우 창의적인 아이디어를 생각해 냈다. 무엇보다 거의 부도체인 액체 불화수소(HF)에 KHF_2 용액을

실험실에서의 앙리 무아상

첨가하여 위의 그림과 같이 전해조 자체를 전도체로 바꾼 U자형 백금 전해조를 고안하여 HF + KHF_2 전해액의 반응 온도를 −50°C까지 냉각하여 부식을 막았다.

그는 또한 음극과 양극은 불소에 더 나은 저항성을 갖는 백금/이리듐으로 만들었으며, 불화칼슘(CaF_2) 마개를 사용했다. 마침내 전해조의 음극에서 수소가, 양극에서 불소가 생성되어 무기화학 분야에서 가장 어려운 난제 중 하나가 해결되었다. 이것은 오늘날에도 여전히 기본적으로 불소를 생산하는 방법이다.

실온에서 불소는 이원자 분자의 옅은 황록색 기체로 20ppb(ppb=

ppm의 1000분의 1)에서도 감지할 수 있는 특징적인 톡 쏘는 듯한 지독한 냄새가 난다. 매우 독성이 강하고 강력한 산화제로, 유기 물질이 이와 접촉하면 불꽃을 일으키며 거의 모든 다른 원소들과 격렬하게 결합한다.

불소를 분리하여 불소 화학이라는 새로운 장을 연 앙리 무아상 덕분에 불소 및 불소 기반 제품의 화학은 유기화학, 재료과학, 폴리머, 약물 및 의학적 응용 등 다양한 분야에서 큰 발전을 이루고 하나의 불소 원자를 포함하는 화합물이 적어도 60만 개 이상 된다.

1886년 6월, 불소를 분리하는 데 성공한 무아상은 그해 12월 약학대학의 독물학 교수로 임명되면서 학문적 인정을 받았다. 비록 전공 분야는 아니었지만, 13년 동안 독물학을 가르쳤고 1899년에는 같은 대학 무기화학 교수를 거쳐 1900년에 소르본 대학교 무기화학과 교수가 된다.

불소로 큰 성공을 거둔 후, 그는 신속하게 다양한 주요 그룹 원소들의 불화물을 만들었고 탄소 불화물에 대한 연구는 다이아몬드와 그 기원의 신비, 즉 탄소의 결정화 문제에 강력하게 이끌린다.

무아상 전기로와 고온화학

1890년부터 무아상은 인공적으로 다이아몬드를 만드는 프로젝트에 착수하는데, 탄소를 다이아몬드로 변환하는 데 필요한 극도로 높은 온도를 달성하기 위해 전기 아크로(arc爐)를 설계한다. 무아상의 전기 아크로는 석회 벽돌 안에 고정된 두 개의 큰 탄소 막대로 구성되어 있다. 막대 사이에 전기 아크(최대 1200암페어, 110볼트)가 발생하고 절연성이 높은 내화 석회가 열을 보전하여 당시 최고 온도였던 1600°C를 뛰어넘어 3500°C 이상까지 도달할 수 있었다. 그는 철과 당(糖) 탄소 화합물을 3000°C 온도로 가열한 다음 탄소 도가니를 차가운 물에 담가 고체 내부에 고압이 생성되게 함으로써 잔류물에서 다양한 유형의 미세한 다이아몬드 결정체를 발견했지만, 그

무아상의 전기 아크로

양은 몇 밀리그램에 불과했다.

비록 무아상은 이 분야에서 자신의 꿈을 완전히 성취할 수는 없었지만 선견지명이 있는 그의 아이디어는 50년이 지난 후 제너럴 일렉트릭에서 인조 다이아몬드를 산업적으로 합성하는 토대가 되었다. 전세계 합성 다이아몬드 생산량은 약 146억 캐럿(2018년 기준)으로 추산된다.

무아상의 전기로가 가져온 기술 혁신은 고온화학이라는 화학 역사의 새로운 장을 열고 산업 발전에 큰 동력을 제공한다. 이 장치로 그는 내화 산화물, 규화물, 붕화물 및 탄화물을 제조했고 금속 산화물을 탄소로 환원시켜 망간, 크롬, 우라늄, 텅스텐, 바나듐, 몰리브덴, 티타늄, 지르코늄과 같은 금속을 얻었다.

1906년 앙리 무아상의 노벨상 수상과 뒷이야기

1906년 11월 12일, 앙리 무아상은 화학원소인 불소를 분리하고 무아상 전기로를 개발하여 과학적 연구와 산업 활동에 새로운 분야를 개척한 공로로 1906년 노벨상을 받는다. 만약 바칼로레아를 필요로 하지 않는 2급 약학 학위를 취득하지 않았다면 이 모든 것은 불가능했을 것이다. 앙리 무아상은 끊임없는 도전과 열정으로 약사의 견습생에서 출발하여 노벨상 수상자가 되는 영광을 이루었다.

전기 아크로를 사용하여 다이아몬드를 합성하려는 앙리 무아상

그는 1897년에 이렇게 썼다. "새로 열린 고랑을 밟고, 완전한 행동의 자유를 느끼고, 사방에 연구를 위해 새로운 전망이 열리는 것을 보는 것은 독창적인 연구의 순수한 즐거움을 경험한 사람들만이 완전히 이해할 수 있는 기쁨을 가져다 준다."

1907년 2월 스톡홀름에서 노벨상을 받고 돌아온 지 두 달 만에 54세의 무아상은 파리에서 급성 맹장염으로 급사했다. 역사학자들은 용광로에서 나오는 불소와 일산화탄소에 반복적으로 노출된 것이 건강을 해쳐 그의 죽음에 영향을 주었으리라 추측한다.

1906년 노벨 화학상 선정에 관한 뒷얘기가 있다. 노벨 화학상 선정위원회는 스웨덴 학술원에 멘델레예프의 노벨상 수상을 추천했다. 보통은 노벨상위원회가 추천하면 학술원은 승인하는 것이 관례였는데, 예기치 않게 학술원 회의에서 클라손(Peter Klason)이 반대표를 던지면서 불소(F)를 최초로 분리한 앙리 무아상을 추천했다.

사실 스웨덴의 저명한 과학자 아레니우스(Svante Arrhenius)는 학술원에 막강한 영향력을 행사하고 있었는데, 주기율표로 노벨상을 주기에는 너무 구식이라며 멘델레예프를 거부하라고 압박했던 것이다. 사람들은 멘델레예프가 아레니우스의 전리설(dissociation theory)를 강하게 비판했기 때문에 그가 불만을 품어서라고 수군댔고, 멘델레예프는 주기율표라는 기념비적인 기여에도 불구하고 끝내 노벨상을 받지 못했다. 격렬한 논쟁 끝에 학술원은 1906년 노벨 화학상을 무아상에게 주기로 했다.

전리설(電離說)
수용액에서 전해질의 이온화도는 항상 일정하게 유지된다는 이론. 스웨덴의 화학자 아레니우스가 제창했다.

이듬해인 1907년 다시 멘델레예프를 지명하려는 시도가 있었지만 아레니우스의 절대적인 반대로 무산되고, 72세의 멘델레예프는 1907년 2월 2일에, 그리고 54세의 앙리 무아상은 18일 뒤인 2월 20일에 세상을 떠났다.

18

'전기의 뉴턴' 앙페르의 마지막 행복

앙드레-마리 앙페르(André-Marie Ampère, 1775~1836)는 전기역학(현대의 전자기학)을 창시하고 명명한 프랑스의 물리학자이자 수학자이다. 전기·자기 현상에 대한 통일적 기초를 마련한 영국의 물리학자 맥스웰은 앙페르를 한 마디로 표현하여 '전기의 뉴턴'이라고 불렀다.

어릴 때부터 신동이었던 앙페르는 정규 교육을 받지 않았음에도 위대한 업적을 인정받아 그의 이름을 딴 암페어(A)는 전류의 단위로 명명되어 전기 제품을 쓰는 모든 사람들이 지금도 일상적으로 쓰는 단어가 되었다. 그러나 앙페르가 스스로 남긴 묘비명에는 "마침내 행복해지다"라고 적혀 있다. 성공과 행복은 같이 오는 것이 아니었을까? 앙페르가 남긴 묘비명을 이해하기 위해 그의 생애를 살펴본다.

앙페르의 생애

프랑스 계몽주의가 한창이던 시기인 1775년 앙드레-마리 앙페르는 프랑스 리옹(Lyon)에서 성공적인 사업가 장 자크 앙페르(Jean-Jacques Ampère)의 아들로 태어났다. 지성적인 그의 아버지는 과학 분야뿐만 아니라 라틴어와 프랑스 문학을 꾸준히 연구하고 장 자크 루소의 철학을 숭배하여 루소의 《에밀》에서 강조하는 교육 이론을 아들 교육의 기본으로 삼았다. 루소는 어린 소년들이 정규 학교 교육을 받는 대신 '자연으로부터 직접 배우는 교육'을 추구해야 한다고 주장했다.

장 자크 앙페르는 리옹에서 불과 10킬로미터 떨어진 폴리미외(Poleymieux)의 전원 주택에서 아들의 조기 교육에 애정을 쏟았다. 그는 앙드레-마리에게 공부를 강요하지 않는 대신 지적 호기심과 열망을 고취시키는 방법을 알고 있었다. 글을 배우기도 전 어린 앙드레의 가장 큰 즐거움은 아버지가 읽어주는 뷔퐁(Comte de Buffon)의 《자연사(natural history)》 구절을 듣는 것이었다.

아버지는 아들을 학교에 보내는 대신 장서가 잘 갖추어진 도서관에서 스스로 학습할 수 있도록 했는데 뷔퐁의 《자연사》와 달랑베르(Jean Le Rond d'Alembert)의 《백과사전》 같은 프랑스 계몽주의 걸작들이 앙드레의 선생님이었다.

앙페르는 '전기의 뉴턴'이라 불린다

앙드레는 어릴 때부터 수학에 뛰어난 재능을 보여 글자와 숫자를 완전히 이해하고 사용할 수 있는 나이가 되기도 전에 이미 작은 돌멩이나 빵 부스러기 등을 이용해 계산을 했다고 한다. 아버지 장 자크는 처음에는 라틴어를 가르치는 데 집중했지만, 아들이 수학에 천부적인 재능을 가진 것을 발견하고 곧 교육 방향을 수학으로 바꿨다.

앙드레는 겨우 13살이었을 때, 첫 번째 논문을 리옹 아카데미에 제출했다. 이 작업은 원의 호와 같은 길이의 선을 만드는 문제를 해결하려는 것으로 방법은 무한소의 사용을 포함하지만, 그가 미적분을 배운 적이 없었기 때문에 논문은 출판할 가치가 없었다. 그 후 앙드레는 《백과사전》을 통해 미적분학에 대한 달랑베르의 논문을 읽기 시작했고 수학을 더 배워야 한다는 것을 깨달았다. 당시 대부분의 중요한 수학 논문이 라틴어로 작성되어 있어 그는 라틴어를 다시 배우고, 리옹의 수도승으로부터 미적분학에 대한 약간의 과외 후, 오일러(Leonhard Euler), 베르누이(Daniel Bernoulli)와 라그랑주(Joseph Louis Lagrange)와 같은 저명한 수학자들이 쓴 논문을 공부했다. 훗날 그는 라그랑주의 《해석 역학(Mécanique analytique)》을 읽으면서 새로운 열정을 갖게 되어 그 안에 있는 모든 계산을 반복해 풀었으며 18살이 되었을 때 평생에 배울 수학을 모두 배웠다고 말한다.

앙드레가 10대일 때 겪은 프랑스 혁명은 그의 성격 형성에 중요한 영향을 주었다. 프랑스 혁명은 1789년 7월 14일 바스티유 감옥 습격으로 시작되었으나 처음에는 그가 살던 폴리미외 지역에는 그다지 영향을 미치지 않았다. 그러나 1791년 말 아버지가 새로운 혁명 정부에 의해 치안 판사직을 맡게 되면서 앙페르 가족은 프랑스 혁명의 소용돌이 속으로 말려들게 되고 앙드레의 삶도 산산조각이 나게 된다. 불행은 혼자 오지 않는다고 하던가? 가족을 덮친 첫 번째 비극은 1792년 여동생의 죽음이고, 또 다른 비극이 뒤따라 일어난다. 1792년 자코뱅파가 혁명 정부를 장악했을 때 아버지 장 자크 앙페르가 새로운 정치 흐름에 저항하여 숙청 대상이 되면서 1793년 11월 24일 단두대에서 처형된다.

아버지의 끔찍한 죽음은 앙페르에게 엄청난 트라우마를 가져왔다.

그는 모든 삶의 의미를 잃고 거의 18개월 동안 수학 연구도 중단했다. 그는 훗날 회고하기를 10대 후반 자신의 인생에서 세 가지 중요한 순간들이 있었는데 첫영성체, 데카르트 추모사 작품, 바스티유의 습격이라고 말했다.

앙페르가 예전과 같은 모습으로 돌아오게 된 것은 이웃집 소녀 줄리(Julie Carron)를 만나 깊이 사랑에 빠지면서였다. 수줍고 어색해하며 자신을 잘 표현하지 못하는 앙페르에게 줄리는 처음엔 냉담했으나 그의 헌신적인 사랑에 마음을 열고 두 사람은 첫 만남 3년 후인 1799년 8월 결혼을 한다. 1년 후 아들을 낳아 아버지의 이름을 그대로 따서 장 자크 앙페르라고 지었는데, 이 무렵이 앙페르에게 가장 행복했던 시절이었다. 그는 리옹에서 수학 교사를 하면서 얻은 약간의 수입으로 가정을 꾸릴 수 있었으나, 폴리미외에 남아 있는 아내는 산후 후유증으로 건강이 좋지 않았다.

프랑스 혁명은 비록 앙페르에게 개인적인 트라우마를 가져왔지만 나폴레옹 황제가 도입하는 새로운 과학기술 체제 덕분에 정규 교육을 전혀 받지 않았음에도 불구하고 앙페르는 과학자로서 성공의 기회를 얻게 된다. 새로운 과학기술 교육 시스템에선 가톨릭은 더 이상 대학에 영향력을 행사할 수 없었고 옛 제도나 조직, 대학들은 폐지되거나 변혁을 가져왔다. 과학을 기술에 적용하려는 계몽운동의 이상을 반영하여 그랑제콜(Grand Ecoles)과 응용 학교를 중심으로 과학의 전문화를 위한 기회가 마련되었다.

1801년 앙페르는 부르강브레스(Bourg-en-Bresse)에 있는 에콜 상트랄(École Centrale)의 물리학 및 화학 교수로 임명되었다. 그는 물리와 화학을 가르치는 데 많은 시간을 보냈지만 남는 시간은 수학을 연구하는 데 몰두했고, 도박꾼이 직면하는 승패 확률에 대한 수학 게임 이론서 《게임의 수학적 이론에 대한 고찰(1802)》을 출판하여 유명 수학자들의 관심을 끌었다. 1802년, 앙페르는 들랑브르(Delambre)의 추천으로 리옹의 리세(Lycee) 대학 수학 교수로 임명되어 아내가 있는 폴리미외에는 더 가까워졌지만 아내의 건강이 악화되어 리옹에서 힘든 시간을 보내야 했다.

1803년 7월, 그토록 사랑했던 아내가 힘든 투병 끝에 결국 숨을 거두었고, 앙페르는 짧은 결혼 생활 동안 아내와 떨어져 살았던 것에 대한 죄책감에 사로잡혔다. 10대 때 겪은 첫 번째 비극(아버지의 처형)의 엄청난 트라우마에 비해 젊은 날 겪은 두 번째 비극은 연구에 집중하며 견뎌낼 수 있었다.

이 시기에 앙페르는 수학자로서 상당한 명성을 얻었고, 그 덕분에 공식적인 학위가 없음에도 1804년 프랑스 최고의 교육기관인 에콜 폴리테크니크(École Polytechnique)의 해석학 조교로 임용되고 1809년에 수학 교수로 승진하여 1828년까지 재직한다. 그는 동료 교수 코시(Augustin Louis Cauchy)와 함께 해석학과 역학을 가르쳤는데, 코시는 엄밀성을 강조하는 가르침으로 18세기의 수학을 19세기 단계에 올려놓은 대수학자로 평가받았으나 강의가 너무 어려운 탓에 학생들은 앙페르의 전통적인 접근법을 선호했다.

앙페르는 1806년 8월 1일, 두 번째 결혼을 하는데 이미 많은 비극을 겪었던 그의 삶은 나아지기는커녕 시작부터 또 다른 재앙이 되었다. 1년 후 딸이 태어나기 전부터 부부는 서로 말도 주고받지 않을 정도로 사이가 안 좋았다. 딸 앨뱅(Alvin)을 낳은 후 앙페르는 '고문 같은 삶'이라고 표현할 정도로 아내와 장모와의 갈등 끝에 마침내 1808년 이혼하고 딸의 양육권을 갖게 된다. 그는 어머니와 누이를 설득하여 파리로 와서 아이들의 양육과 집안일을 맡겼는데, 끊임없는 돈 문제에 직면했고 무자식이 상팔자라는 말이 실감날 정도로 가정생활에서 자녀 문제로 고통스러운 나날을 보냈다.

앙페르는 수학을 가르쳤지만 물리학, 화학, 광학, 형이상학과 같은 다양한 주제로 논문을 썼는데, 이러한 르네상스적 인간형은 당대의 일류 과학 지식인들 사이에서는 관례였다. 1811년 그는 스웨덴 화학자 셸레(Carl Wilhelm Scheele)가 처음 발견한 플루오린화 수소산의 특성이 염산과 비슷한 것을 발견하고 여기에는 염소와 유사한 미지의 원소가 들어 있다고 제안했으며 또한 빛의 본질에 관한 논쟁에 뛰어들어 파동 이론을 강력하게 옹호했다.

1814년 프랑스 과학자의 최고 영예인 국립 과학원의 회원이던 라그랑주(Joseph Louis Lagrange)가 사망하자 그 자리를 채우는 선거에서 편미분 방정식에 대한 수학적 업적 덕분에 앙페르는 코쉬

(Augustin Louis Cauchy)를 이기고 선출되었다. 그는 에콜 폴리테크니크에서 수학을 가르치는 한편, 1819년과 1820년에는 파리 대학교에서 각각 철학과 천문학 과정을 가르쳤으며 1824년에는 콜레주 드 프랑스(Collège de France)에서 실험 물리학의 권위 있는 의장으로 선출된다.

전자기학의 창시

1820년 4월, 덴마크의 물리학자 외르스테드(Hans Christian örsted)는 전류가 도선 근처에 놓인 자석 바늘을 편향시킨다는 것을 발견했다. 역사상 최초로 전기와 자기 사이의 연관성을 밝힌 이 발견은 유럽 과학계에 큰 충격을 불러일으켰다. 당시 앙페르는 파리에 거주하며 사변철학(思辨哲學)과 다른 과학 분야로의 응용에 대한 적용을 연구하고 있었다.

SNS가 없어도 외르스테드의 발견은 입소문을 타고 퍼져 앙페르는 1820년 9월 초, 이에 대해 알게 된다. 앙페르의 동료 프랑수아 아라고(François Arago)가 1820년 9월 11일, 프랑스 과학학술원 회원들 앞에서 외르스테드의 놀라운 발견을 시연했다.

이 실험에 매료당한 앙페르는 모든 연구를 중단하고 다양한 자기/전기 효과를 실험하는 데 시간을 쏟아 마침내 전류가 흐르는 두 도선 사이에 밀치거나 당기는 힘이 작용한다는 것을 발견했다. 그리고 일주일 만인 9월 18일 과학학술원에서 발표한다. 빛의 속도로 논문을 작성한 그는 1820년 병렬로 연결된 두 개의 전선이 전류가 같은 방향으로 흐르는지 반대 방향으로 흐르는지에 따라 서로 끌어당기거나 밀어낸다고 〈화학과 물리 연보〉에 발표했다. 역사상 최초로 자석을 사용하지 않고도 자기(磁氣) 인력과 반발력이 생성될 수 있음을 보여준 것이다.

앙페르는 또한 전기와 자기의 구성 요소 역할을 하는 '전기역학적 분자'의 존재를 이론화하여 전자기 관계에 대한 물리적 이해를 제공했다. 수학과 물리학에 천부적인 재능이 있는 앙페르의 다음 단계는 전기역학적 현상에 대한 기념비적인 실험 결과로부터 수학적으로 추론할 수 있는 이론을 제안하는 것이다.

이 작업은 1821년~1825년 사이에 진행되어 1827년 그의 필생의 역작인 《오로지 실험으로부터 추론된 전기역학 현상의 수학적 이론(Mémoire sur la théorie mathématique des phénomènes électrodynamiques, uniquement déduite de l'expérience(1827)》을 출판했다.

이 연구에서 앙페르는 4가지 매우 기발한 실험에서 발견한 전류의 작용 법칙을 처음으로 설명한다. 즉 전류가 흐르는 두 도선 사이의 힘은 도선의 길이와 전류의 세기에 비례하며 이 둘 간 거리의 제곱

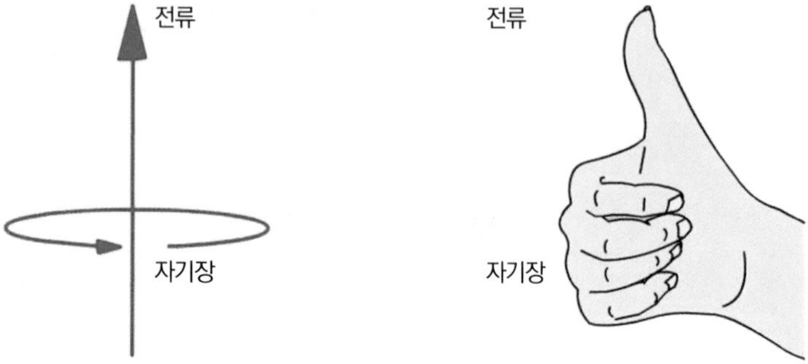

앙페르의 오른손 법칙

에 반비례한다는 '앙페르의 힘의 법칙(Ampère's force law)'을 수학적 공식의 형태로 제시했다. 이는 두 전하(電荷) 간에, 또는 두 자기극 사이에 작용하는 힘에 관한 프랑스의 쿨롱(Charles Augustin de Coulomb)의 법칙과 조화를 이루고 있다. 앙페르의 오른손 법칙을 암페어 법칙이라고도 하는데, '직선 전류에 의한 자기장의 방향은 오른손 엄지손가락이 전류의 방향을 향하게 할 때 나머지 네 손가락을 감아쥐는 방향'이라는 의미이다.

앙페르는 자석 사이에 존재하는 자기력도 그 본질에 있어서 전기력과 같은 힘이라고 주장했으며, 이런 주장은 전기력과 자기력의 상호 변환의 발견을 낳았던 출발점이 되었다.

1831년, 영국의 과학자 패러데이(Michael Faraday)는 앙페르의 연구에 자극을 받아서, 자석(혹은 자기력)이 낳는 전기적 효과를 찾기 위해 실험을 하던 중 자기장의 변화가 전류를 만들어내는 전자기 유

리옹 시에 세워진 앙페르의 동상

도 현상(electromagnetic induction)을 발견할 수 있었다. 패러데이가 발견한 전자기 유도 현상은 자석을 움직여서 전기를 만들어내는 길을 열었으며, 이는 전기 시대를 여는 발전기 기술의 과학적 토대가 된다.

19세기 전자기학을 체계적으로 정리한 영국의 물리학자 맥스웰은 앙페르의 힘의 공식이 모든 전기동역학의 공식 중에서 가장 중요한 것으로 평가하며 앙페르를 '전기의 뉴턴'이라고 불렀다.

1827년, 앙페르는 전기역학 책을 출판하면서 새로운 과학에 대한 그의 지난 7년 간의 열정은 막을 내리며 독창적인 과학 연구를 끝냈다. 그의 건강은 나빠지기 시작했고, 새로운 과학이 전자기학의 초석으로 공식화되기 수십 년 전 폐렴에 걸려 1836년 마르세유에서 사망했다.

그는 사망하기 전까지 런던 왕립학회와 에든버러 왕립학회를 비롯해 전세계적으로 권위 있는 과학 학술 단체의 회원으로서 업적을 널리 인정받았다. 그는 에펠탑에 이름이 새겨진 72명의 뛰어난 발명가 중 한 명이며 1881년에 조인된 국제 전기협약은 현대 전기 과학의 발전에 기여한 공로를 인정하여 전류의 단위 이름을 앙페르(암페어)라고 명명했다.

또한 앙페르와 동시대 인물인 프랑스의 쿨롱, 이탈리아의 볼타(Alessandro Volta), 독일의 옴(Georg Ohm), 그리고 스코틀랜드의 와트(James Watt)의 이름을 따서 전기 관련 각종 단위를 각각 쿨롱, 볼트, 옴, 와트로 명명하고, 앙페르가 사망한 6월 10일을 국제 전기기술자의 날로 정해 기념하고 있다.

비록 세계적인 명성과 위대한 업적을 이루었음에도 불구하고 그는 소위 우리가 인생에서 행복이라고 일컫는 것을 얻지 못했다. 앙페르가 젊었을 때 겪은 삶의 비극을 생각할 때, 자녀들이라도 약간의 행복을 가져다주길 바랐을 것 같다. 그러나 첫 번째 결혼에서 얻은 아들과의 관계는 폭발적 분노와 침울, 변덕으로 같은 집에서 오래 지낼 수 없을 정도였다. 어쨌든 앙페르의 아들 장 자크 앙페르는 후에 역사학자이자 언어학자로 소르본 대학의 외국 문학사 교수가 된다.

그런데 재혼해서 얻은 딸과는 더욱 더 힘든 시간을 보냈다. 그녀는 1827년 나폴레옹의 부관과 결혼하는데, 사위는 알코올 중독에다 폭력적이었다. 1830년, 앙페르의 딸이 가정 폭력에 시달리다 못해 아버지의 집으로 도망쳐왔다. 앙페르는 뒤쫓아온 사위에게 다시 딸과 같이 살도록 허락하는데 그런 잘못된 결정으로 그의 집은 고성이 끊이지 않았고 결국 경찰까지 개입하는 등 많은 불행을 겪었다.

앙페르는 자신의 묘비명을 “마침내 행복해지다”라고 쓸 정도로 고통스런 현실을 떠나 1836년 61세로 눈을 감았다.

19

지구의 무게를 잰 괴짜 천재
- 헨리 캐번디시

헨리 캐번디시(Henry Cavendish, 1731~1810)는 영국의 화학자·물리학자로 당대 최고의 실험가이자 이론가, 자연철학자이다. 그는 특히 실험의 정밀성과 정확성으로 유명한데, 수소의 발견, 기체들의 특성, 물의 합성, 전기 인력 및 반발을 지배하는 법칙, 열의 기계적 이론 그리고 지구의 밀도(따라서 지구의 질량) 계산에 대한 연구에서 두각을 나타냈다. 지구의 질량을 측정하기 위한 정밀한 그의 실험을 캐번디시 실험이라고 한다.

캐번디시(Cavendish) 가문은 16세기 이후 영국에서 가장 부유하고 정치적으로 영향력 있는 귀족 가문들 중 하나이다. 헨리의 아버지는 데본셔 공작(Duke of Devonshire)인 찰스 캐번디시 경이고 어머니는 헨리 그레이 켄트 공작(Duke of Kent)의 딸이다. 프랑스 물리학자 장 바티스트 비오(Jean-Baptiste Biot)는 양쪽 부모로부터 재

헨리 캐번디시

산을 상속 받은 헨리 캐번디시야말로 "모든 학자들 중에서 가장 부유한, 그리고 아마 부자들 중에서 가장 학식이 많은 사람"이라고 표현했다.

세속적인 시각으로 보면 분명 다이아몬드 수저를 물고 태어난 행운아인데도 캐번디시는 허름하고 유행에 뒤떨어진 옷 한 벌밖에 없었다고 한다. 그는 세상과는 담을 쌓은 채 냄새 나고 연기 나는 실험실에서 외롭고 검소하게 일생을 보내며 과학에 헌신했다.

청소년 시절

헨리 캐번디시는 가족들이 함께 살던 프랑스 니스(Nice)에서 1731년 10월 첫째 아들로 태어났다. 어머니는 둘째 아들을 낳은 지 석 달 후인 1733년 사망했는데 헨리가 두 살도 채 안 된 때였다. 아버지 찰스 캐번디시 경이 홀로 두 아들을 키우게 되었다.

1748년, 18살이 된 헨리는 케임브리지 대학에 입학해 1751년까지 3년 동안 공부한 후 학위 없이 학교를 떠났다. 그가 엄격한 종교적 시험에 반대해서 졸업시험을 치지 않았다는 설도 있지만, 그러나 어차피 학위가 없어도 인생에 별 지장이 없어 당시에는 일반적인 관례였다고 한다.

그 후 헨리는 1783년 아버지가 돌아가실 때까지 런던에서 함께 살았는데, 그곳에서 곧 자신의 실험실을 갖게 되었다. 찰스 캐번디시 경은 처음에는 정치인으로서 그 다음에는 과학, 특히 런던 왕립학회에서 일생을 보냈다. 1758년 그는 아들 헨리를 왕립학회 모임과 왕립학회 클럽의 만찬에 데리고 다녔다.

헨리는 여러 분야에서 일류 실험가여서 1760년 불과 29세에 이 두 그룹의 회원으로 선출되었으나 대인관계를 매우 불편해 해서 가능하면 피하려고 애썼다. 그는 한 번에 한 사람하고만 대화를 했는데, 그 대상도 남성에다 자신이 아는 사람일 정도로 과묵해서 사람들은 그를 괴짜로 여겼다. 그는 여성들에 대한 공포증이 있어 평생 결혼도 하지 않았으며, 자신의 집 가정부와도 매일 메모로 소통하였고, 심지어 가정부와 마주치지 않으려고 저택에 뒷계단을 추가로 설치하기도 했다. 일부 의사들의 분석에 의하면 아마도 자폐증의 한 형태인 아스퍼거 증후군으로 고생을 했던 것 같다.

과학적 업적: 가연성 공기

캐번디시는 비사교적이고 비밀스런 행동 때문에 종종 자신의 연구결과를 발표하지 않아 그의 많은 발견들은 동료 과학자들에게도 잘 알려지지 않았다. 그는 책도 출판하지 않고 논문이라야 왕립학회 논문집에 18편을 발표한 게 전부지만, 역학·광학 및 자기를 비롯한 여러 연구 분야에 많은 업적을 남겼다. 이것들은 출간되지 않은 원고에 광범위하게 등장한다.

캐번디시는 프리스틀리(Joseph Priestley), 블랙(Joseph Black), 러더퍼드(Daniel Rutherford) 등과 함께 18~19세기의 소위 공기 화학자(Pneumatic chemist) 중 한 명으로 불린다. 1766년에 발표한 그의 최초의 논문에서 캐번디시는 헤일스(Stephen Hales)와 블랙(Joseph Black)의 기체 연구법을 써서 아연, 구리, 주석과 같은 금속들에 산을 부어 발생하는 기체를 물이나 수은 속에 거꾸로 세운 유리병 속에서 포집했다.

$Fe + H_2SO_4 \rightarrow H_2$ (가연성 공기) $+ FeSO_4$

그런데 수집된 기체의 양은 산의 종류나 양과는 무관하고 오로지 금속의 양에만 의존하여 캐번디시는 금속들이 플로지스톤(Phlogiston)을 공기에 유리시키는 것으로 생각했다.

다음 그림은 1766년 발표된 논문 〈인공 공기에 대한 실험들을 다룬 세 논문(Three Papers containing experiments on factitious Airs)〉에 수록된 것으로 '가연성 공기(Inflammable gas)'의 수상 포집을 나타낸다.

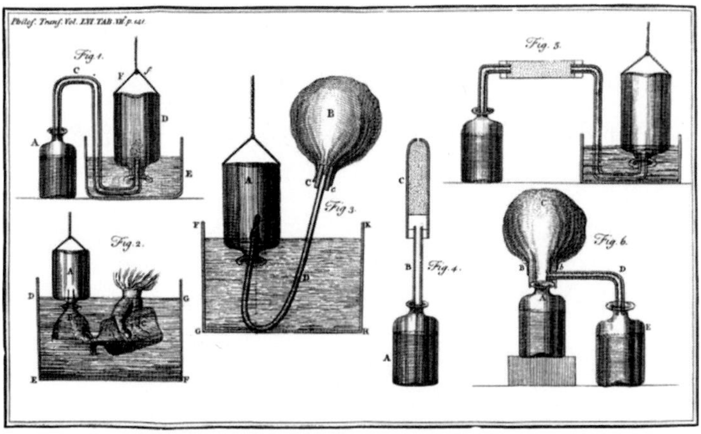

가연성 공기의 수상 포집 실험

이 캐번디시 기체는 몇 가지 예상 밖의 특징을 가지고 있었는데, 즉 일반적인 공기나 이산화탄소와는 달리 맹렬히 타는 '가연성 기체

(inflammable Air라 명명)'였고, 또한 매우 가벼웠다. 1783년 이것을 가득 채운 기구(氣球)가 최초로 사람을 땅 위로 들어올렸다. 캐번디시는 이 가연성 기체에 대해 20년 간 연구를 한다. 그는 가연성 공기를 프리스틀리(J. Priestley)가 발견한 산소와 혼합하여 전기 방전으로 폭발시켜 냉각했더니 용기 내벽이 물방울로 덮였다.

$2H_2 + O_2 \rightarrow 2H_2O$

이 실험으로 고대 그리스 이래 원소라고 생각했던 물이 화합물이란 것이 입증되었으며, 그 기체의 이름은 오늘날 우리가 사용하는 '수소'라고 불리게 되었다. 이것은 그리스어 합성어로 '물(hydro)을 만드는(gen) 것'이라는 의미이다.

1777년, 캐번디시는 포유류가 내뿜는 공기가 '고정 공기(탄소)'로 전환된다는 것을 발견한다. 또한 그는 산에 알칼리를 녹여 이산화탄소를 발생시켰는데, 물이나 수은 속에 거꾸로 세운 유리병에 다른 기체들과 함께 포집하고, 그 기체들의 용해도와 비중과 가연성을 측정했다. 1778년 논문 〈산성에 대한 일반 고려사항〉에서 호흡할 수 있는 공기가 산성도를 결정한다고 결론지었으며, 캐번디시는 이 논문으로 왕립학회의 코플리 메달(Copley Medal)을 받았다.

1784년 논문 〈공기에 관한 여러 실험〉에서는 공기의 구성 성분에 흥미를 가지고, 프리스틀리가 발견한 산소에 수소가스를 혼합해 전기 불꽃을 튀겨 물방울을 만들었다. 이로써 물이 화합물이란 것을 입증하였으며, 또 질소가스와 산소가스가 전기 불꽃에 의해서 질산이 된다는 것도 알아냈다(1785).

1785년 '공기의 화학적 조성'을 규명하는 연구에서 그는 공기 중의 질소에 산화와 흡수에 의해서도 반응하지 않은 작은 기포 방울이 남아 있는 것을 발견한다. 그리고 일반 공기의 조성은 질소와 산소가 4:1의 비율로 구성되어 있으며, 원래 질소 부피의 1/120에 해당하는 가스 양이 남아 있음을 관찰했다.

그로부터 약 100년 후인 1890년대에 두 명의 영국 물리학자 레일리 경(Lord Rayleigh)과 램지(William Ramsay)는 최초의 불활성 기체인 아르곤(Ar)을 발견하여 1904년 물리와 화학에서 각각 노벨상을 받았다. 그들은 이 불활성 기체가 캐번디시가 관찰한 공기의 잔류물임을 깨닫고, 수상 논문에서 그에 대한 깊은 경의와 존경을 표하며 광범위하게 이를 인용했다.

플로지스톤 이론의 옹호자였던 캐번디시는 1787년 무렵 영국에서 첫 번째로 플로지스톤(phlogiston, 18세기에 연소를 설명하기 위해 설정한 개념. 현재는 부정되고 있다) 개념을 포기했다. 18세기 후반에 기체 화학은 점점 중요해졌고, 화학혁명이라고 알려진 프랑스인 라부아지에의 화학 개혁에 결정적 계기가 되었다.

캐번디시 실험: 지구는 얼마나 무거운가?

캐번디시는 1783년 아버지가 사망하면서 남겨준 전재산으로 런던 남쪽 클랩햄 커먼(Clapham Common)에 저택을 사서 대부분을 실험실로 바꾸고 극히 일부만을 생활 공간으로 사용했다. 그리고 런던에도 저택을 사서 장서의 대부분을 보관했다.

연필과 종이와 좋은 두뇌만 있으면 되는 이론 과학자와는 달리 실험 과학자들에겐 두뇌뿐만 아니라 예나 지금이나 돈이 뒷받침해주어야 한다. 당시의 많은 과학자들처럼 헨리 캐번디시는 귀족이었고, 화학 및 물리학 실험에 자금을 댈 만큼 충분한 돈을 물려받아 자신이 원하는 어떤 실험 장비도 소유할 수 있었다. 또한 과학적 관심이 광범위했기 때문에 많은 실험기기들을 갖고 있었다. 캐번디시가 사망한 지 6년 후인 1816년, 그의 실험기기들이 경매에 나왔는데, 91개의 항목에 총 150개의 실험기기가 경매 목록에 있었다고 한다.

1687년 뉴턴은 중력 법칙($F = G\,Mm / r^2$)을 발표했지만 중력 상수 G나 지구의 질량을 결정하려는 어떠한 시도도 하지 않았다. 1700년대에 천문학자들은 지구의 밀도를 알면 다른 행성의 밀도를 결정하는 것이 가능하기 때문에 이를 알고 싶어했다. 1772년 왕립학회는 지구의 밀도를 결정하기 위해 인력(引力, attraction) 위원회를 만들었다.

캐번디시는 몇 년 동안 그 문제를 생각하다가 1797년 67세의 나이에 지구의 밀도를 측정하기 위한 '캐번디시 실험'을 시작한다. 이 실험은 1798년 논문으로 발표되었는데, 그의 여러 가지 중요한 발견들 중 가장 유명한 업적이자 마지막 업적이다.

캐번디시는 이 실험에서 친구 미첼(John Mitchell)이 발명한 매우 정밀한 비틀림저울(Torsion Balance)을 사용했다. 비틀림저울의 팔에는 납으로 된 2개의 작은 공(0.73kg)이 매달려 있고 납으로 된 2개의 훨씬 큰 공(158kg)이 있다. 큰 공은 틀에 매달려 있어서 바깥쪽 도르래에 의해 작은 공 옆으로 회전할 수 있다.

캐번디시는 비틀림저울의 진동 주기를 관찰해 큰 공과 작은 공 사이의 인력을 측정하고 이 값으로부터 지구의 밀도와 질량을 계산할 수 있었다. 그러나 인력은 너무나도 미약하고, 미첼의 비틀림저울은 온도차와 유도 기류에 민감하다는 것을 깨닫고 오류의 원천과 실험을 방해하는 모든 요인을 제거하기 위하여 밀폐된 방 안에 장치를 설치했다. 그리고 바깥에서 망원경으로 오랜 시간 엄청 힘들게 눈금을 읽었다. 그가 측정한 지구의 밀도 5.48g/ml는 오늘날 인정하는 값과는 불과 1% 이내의 오차를 보이고 있다. 심혈을 기울인 세심한 관찰, 정밀한 실험, 사려 깊게 변형된 장치와 근본적인 이론의 결합은 캐번디시의 확실한 특징으로, 이 실험은 '최초의 근대 물리학 실험'이라고 불린다.

캐번디시가 클랩햄 커먼 대저택의 별채에서 지구의 질량을 측정하는 실험을 하고 있을 때, 이웃들은 그 건물을 가리키며 아이들에게 "저기서 지구가 얼마나 무거운지 측정하고 있단다"라고 말했다.

전기에 관한 연구

캐번디시의 전기·화학 실험은 열에 관한 실험과 마찬가지로, 아버지와 함께 생활하는 동안 런던 저택에 있는 실험실에서 시작되었다. 그의 열 이론처럼 캐번디시의 종합적인 전기 이론은 형식적으로는 수학적이었고 정밀한 정량적 실험에 기초했다. 그는 1771년부터 10년 간 수많은 전기실험을 하는데 벤저민 프랭클린(Benjamin Franklin)의 영향을 받았다. 캐번디시는 왕립학회에 전기적 주제에 관한 논문을 발표했지만, 대부분의 논문은 미발표로 두었다.

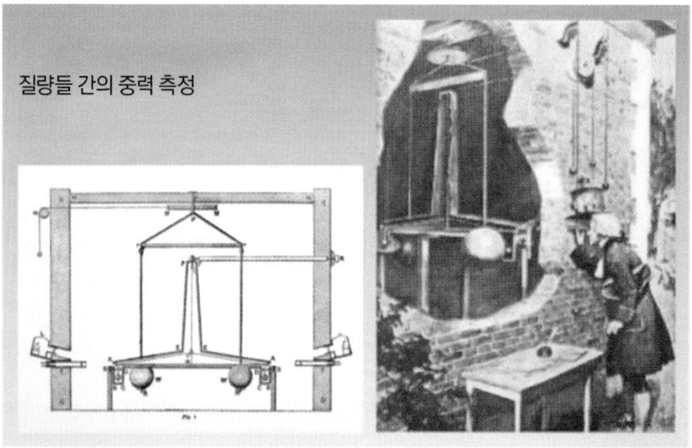

캐번디시 실험

약 100년이 지난 1879년 맥스웰(James Clark Maxwell)이 캐번디시의 유고를 정리할 때 그의 많은 선구적 실험들이 밝혀졌는데, 그때는 이미 같은 결과를 도출한 다른 과학자들이 인정을 받고 난 후였다. 가령 1785년에 발표된 전하를 가진 두 물체 사이에 작용하는 힘의 크기는 거리의 제곱에 반비례한다는 쿨롱의 법칙(Coulomb's law)을 캐번디시는 1772~1773년 사이에 발견했다. 또 전류의 세기는 두 점 사이의 전위 차에 비례하고, 전기 저항에 반비례한다는 옴의 법칙(Ohm's law)을 옴보다 45년 앞선 1781년에 발견했다. 전류계가 없었던 당시에는 자기 몸에 느껴지는 쇼크로 전류의 세기를 측정했다.

브리태니커 백과사전 1911년 판에 의하면, 그밖에도 캐번디시의 발견 중에는 전위(electric potential)의 개념, 초기 전기 용량의 단위, 물질의 유전상수의 개념 등이 있고, 화학분야에서는 리히터의 반비례의 법칙(Richter's law of reciprocal proportions), 돌턴의 분압의 법칙(Dalton's law of partial pressures) 그리고 샤를의 법칙(Charles's Law of gases)이 있다.

캐번디시 연구소

캐번디시는 1810년 2월 24일 79세의 나이로 클랩햄에서 사망해 조상들과 함께 더비 대성당 묘지에 묻혔다. 그가 죽었을 당시 캐번디시는 영국은행의 가장 큰 예금주였다.

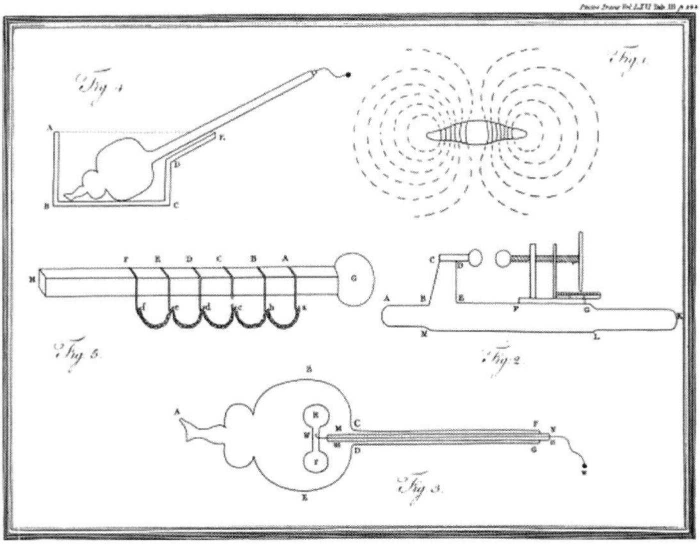

캐번디시가 사용한 각종 실험 장치

30여 년 전 연구년을 맞아 케임브리지 대학교 재료학과에 방문교수로 3개월 간 체류한 적이 있었는데 캠퍼스에서 가장 인상 깊었던 것은 캐번디시 연구소와 트리니티 칼리지 앞에 있는 뉴턴의 손자 사과나무였다. 이 나무는 링컨셔 울즈소프(Woolsthorpe)에 있는 아이작 뉴턴 경의 어머니 집에 심어져 있던 원래 사과나무에다 접 붙인 후손이라고 한다.

캐번디시 연구소는 케임브리지 대학교 물리학과에 있는 물리학 연구소로 1870년 당시 총장인 7대 데본셔 공작(7th Duke of Devonshire) 윌리엄 캐번디시가 기부한 돈으로 설립되었는데, 그의 친척이며 화학자 겸 물리학자인 헨리 캐번디시의 이름을 따서 명명

캐번디시 연구소와 뉴턴의 손자 사과나무

했다. 연구소 설립에 참여했고, 헨리 캐번디시를 존경하는 제임스 맥스웰이 초대 캐번디시 실험 물리학 교수로 임명되었다.

캐번디시 연구소는 수많은 노벨 수상자를 배출하며 실험물리의 메카로 자리매김했는데, 케임브리지 대학 재료학과 학과장은 DNA 구조를 발견한 공로로 노벨상을 탄 왓슨과 크릭(James Watson, Francis Crick)이 캐번디시 연구소에서 연구했다고 자랑하면서 다음과 같은 이야기를 들려주었다. 프랑스 총리가 케임브리지 대학교를 방문했을 때 프랑스가 얼마나 많은 노벨상 수상자를 배출했는지를 자랑하기에 캐번디시 연구소에서 배출한 노벨상 수상자만 29명으로 프랑스 전체에서 배출한 숫자보다 많다고 했더니 아무 말도 못했다고 한다. 그 말을 전하는 학과장의 얼굴에 자부심이 가득했던 것이 지금도 생생하게 떠올라 내심 부러웠다.

20

마지막 르네상스맨

- 헤르만 폰 헬름홀츠

헤르만 폰 헬름홀츠(Hermann von Helmholtz, 1821~1894)는 현대 과학사에서 가장 위대한 인물 중 한 사람이다. 19세기 실험 생리학 및 물리학 동료들은 그를 천재 과학자라고 여겼고, 독일 국민은 그를 과학기관 관리자로서 다방면의 활동으로 '과학계의 제국 장관'이라는 별명을 붙였다. 그의 이름을 따서 독일 국가과학기술 체제의 대표적 정부 출연 연구기관인 헬름홀츠 연구협회가 설립되었다.

찰스 다윈이나 루이 파스퇴르 또는 앨버트 아인슈타인과는 대조적으로 헬름홀츠의 획기적인 연구 개발은 생리광학(生理光學), 생리음향학, 유체역학, 기상학, 열역학, 전자기학, 과학철학 등 여러 분야를 망라하고 있다. 역사학자와 철학자들은 헬름홀츠를 과학사에서 르네상스맨(박식가) 중 한 사람으로 여긴다.

헤르만 폰 헬름홀츠의 초상화(Ludwig Knaus 작품)

어린 시절

헤르만 폰 헬름홀츠는 1821년 독일 북부 프로이센 왕국의 포츠담에서 교육과 문화를 강조하는 중산층 가정에서 4남매 중 장남으로 태어났다. 포츠담 김나지움 교장인 아버지 페르디난드 헬름홀츠(Ferdinand Helmholtz)는 문헌학과 철학을 전공했는데 헤르만은 그런 아버지로부터 프랑스어, 영어, 이탈리아어뿐 아니라 라틴어까지 배웠다. 또한 칸트(Immanuel Kant, 1724~1804)와 요한 고트리이프 피히테(Johann Gottlieb Fichte, 1762~1814)의 철학과 그들의 철학적 통찰에서 나온 자연을 연구하기 위한 접근법을 가르친 사람도 그의 아버지였다.

헬름홀츠는 몸이 허약해 7살에 학교 교육을 시작해 김나지움에 1832년에 입학하는데, 학업 성적은 평범했지만 수학과 과학에 뛰어났다. 김나지움 졸업 후 헬름홀츠는 물리학을 공부하고 싶어했으나 대학 등록금을 감당할 수 없었던 아버지는 아들을 설득해 의학을 공부하게 했다.

1838년 헬름홀츠는 프로이센 군대의 의료 훈련 기관인 베를린의 프리드리히 빌헬름 의학 연구소에 들어간다. 이곳의 학생들은 의사 자격을 갖춘 후 5년 간 군의관으로 복무하는 조건으로 재정적 지원을 받았으며 대학에서 수업을 들을 수 있는 자격이 주어졌다. 헬름홀츠는 이 기회를 잘 활용했을 뿐만 아니라 여가 시간에 특히 수학과 물리를 독학으로 공부했다. 또한 피아노를 배워 능숙하게 칠 정도가 되었는데, 이는 나중에 음감에 대한 그의 연구에 많은 도움이 되었다.

그는 척추동물의 신경계에 관한 박사학위 논문을 쓰면서 신경이 신경절 세포에서 비롯된다는 것을 증명했는데 결과적으로 당시 독일에서 가장 유명한 생리학자이자 박사학위 지도교수인 요하네스 뮐러(Johannes Müller)가 옹호한 생기론(Vitalism)을 반박한 셈이 되었다.

생기론(Vitalism)

생명은 생물이 가지고 있는 생기에서 비롯되며, 이것이 생물의 형상과 성장을 조절하고 생명 활동을 관장한다고 주장하는 이론

1843년 22세에 박사학위를 취득한 그는 포츠담에 있는 왕실 근

위 연대에서 외과의사로 근무하면서, 물리학을 향한 명확한 목표를 세우고 생리학 연구를 재개한다. 군대 업무가 적어 공부와 연구에 전념할 충분한 여유가 있어 임시 막사 실험실에서 실험을 했다. 그는 먼저 근육 작용에 의한 열 생성을 연구했으며 물질이 중심력에 의해 상호 작용하는 입자로 구성되어 있다고 가정하고 줄(James Joule)과 마이어(Mayer)와는 독립적으로 에너지가 보존된다는 것을 증명했다.

1845년 헬름홀츠는 베를린 물리학회에 가입해 1847년 논문 〈힘의 보존에 관하여(On the Conservation of Force)〉를 발표했다. 그는 에너지 보존의 원리를 다양한 상황에 적용하여 에너지가 손실되는 것처럼 보이는 것이 실제로는 열에너지로 전환되는 것임을 증명했다. 사실 이것은 충돌, 팽창하는 기체나 근육 수축 및 기타 많은 여러 상황에서 정확히 일어났다. 이 논문은 생리학과 물리학의 역사 모두에서 신기원을 기록한다.

생리학의 경우, 당시 생기론자들은 생명 현상의 발현은 비물질적인 생기력(生氣力)처럼 자연법칙으로는 파악할 수 없는 원리에 지배된다고 믿었기 때문에 생명체에서 일어나는 여러 과정을 물리·화학의 기계적인 방식으로 규명하는 것은 불가능하다고 생각했다.

그러나 헬름홀츠는 만일 생기력이 유기체 내의 화학반응과 연관된 열의 합이 아니라면 물리법칙에 따르지 않는 다른 어떤 열원이 존재해야 한다고 가정한다. 그러나 그러한 열원은 영구 운동기관의 창조를 가능케 하는 모순에 빠지게 되므로 그는 생기적 열은 유기체 내의 역학적 힘의 산물이라고 결론지었다. 즉 근육의 열과 기계적 운동 모두 음식에서 얻은 화학에너지의 변환에 의해 설명될 수 있으며 따라서 동물의 몸은 열과 힘을 얻는 방법에서 증기기관과 다를 바가 없다는 것이다. 헬름홀츠는 생기론에 심각한 타격을 가하고 유기체 내의 현상에 대한 근본적인 설명을 제공하여, 이후 생리학자들이 물리학·화학 분야에서와 같은 종류의 물질 및 에너지 균형을 수행할 수 있게 해주었다.

헬름홀츠의 1847년 논문이 물리과학의 신기원으로 평가받는 것은 "자연 전체는 어떠한 이유로도 더하거나 뺄 수 없는 에너지의 저장고를 가지고 있다"는 에너지 보존 원리에 대한 최초의 정확한 서술 때문이다. 이것은 열역학 제1법칙으로 알려져 있는데, 이 법칙은 때로 "아무것도 공짜로 얻을 수 없다"거나 "반응에서 더 많은 에너지를 얻을 수 없는 것" 또는 "에너지 입력 = 유용한 에너지 + 낭비 에너지", 즉 요약하면 물질로서의 에너지는 생성되거나 파괴될 수 없다는 것이다.

열역학 제1법칙은 물리학 역사상 가장 혁명적인 사상 중 하나로 과학사가인 크롬비(A. C. Crombie)는 다음과 같이 말한다. "열역학 제1법칙의 함의와 그것이 제기하는 문제들은 패러데이와 맥스웰의 전자기 연구와 1900년 플랑크(Max Planck)의 양자이론 도입 사이의 기간 동안 물리학을 지배했다." 헬름홀츠의 명성이 높아지자 그는 군의관으로서의 의무 복무를 면제받고 1848년 베를린 해부학 박물관의 조수와 예술 아카데미의 강사가 되었다.

대학교수 시절의 연구 활동

쾨니히스베르크 대학 시절(1849~1855)

1849년 헬름홀츠는 쾨니히스베르크(Königsberg) 대학의 생리학 부교수 겸 생리학 연구소장으로 임명되어 그곳에서 7년(1849~1855)을 보낸다. 1851년에는 검안경(ophthalmoscope)과 각막계라고도 하는 검안계(ophthalmometer)의 발명으로 안과 분야에 혁명을 일으켰다. 지금도 검안사나 안과 의사가 안구 내부를 검사하는 데 사용하는 검안경과 안구 굴곡 측정을 위한 검안계의 발명으로 그는 하룻밤 사이에 세계적으로 유명해졌다.

검안경 검사 중에 발견할 수 있는 문제는 황반변성, 녹내장 및 망막박리이며, 환자가 고혈압이나 당뇨병과 같이 혈관에 영향을 미치는 건강 문제의 징후와 증상을 보이는 경우에도 사용할 수 있다. 검안계는 눈 검사 동안 각막의 곡률을 측정하는 의료 기기로 난시의 유무와 정도를 진단하는 데 사용된다. 헬름홀츠는 색각(色覺)과 색맹에 관해서도 연구했다.

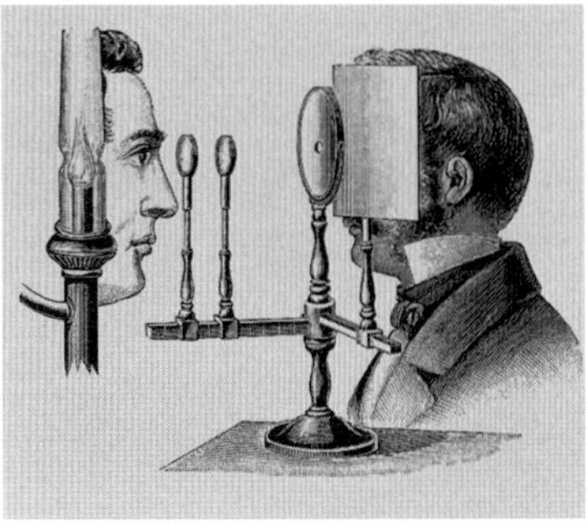

검안경

검안계

1854년 물리학자 헬름홀츠는 최초로 '열 죽음(heat death)'이란 종말론적 선언을 하는데, 그의 비관적 예측은 열역학 제2법칙에 기반을 두고 있다. 열 죽음 또는 열사(熱死)는 우주의 종말론 중 하나의 가능성으로, 운동이나 생명을 유지할 수 있는 자유에너지가 없는 상태를 말하며 물리학적으로는 우주 전체의 엔트로피가 최대가 된 상태가 바로 열 죽음이다.

본 대학 시절(Bonn: 1855~1858)

1855년 헬름홀츠는 쾨니히스베르크 대학에서 본(Bonn) 대학의 생리학과 해부학 교수로 옮긴다. 본에서 그는 감각 생리학에 관한 연구를 계속하여 1856년 명저 《생리학적 광학 편람(Handbook of Physiological Optics)》을 출판했다. 이 책은 시각, 색각 및 동작 인식에 대한 경험적 이론을 제공하여 19세기 후반, 이 분야의 기본적인 참고 문헌이 되었다. 안구의 조절 작용에 관한 헬름홀츠의 이론은 20세기 마지막 10년까지 인정받았다.

그러나 헬름홀츠는 본 대학에서 결코 만족하지 못했다. 해부학은 생소한 과목이었고, 그의 해부학 강의가 무능하다며 교육부 장관에게 은밀히 보고되기도 했다. 헬름홀츠는 이런 보고서에 대해 자신의 기계론적 생리학적 접근에 반대하는 의학 전통주의자들의 불평이라고 격분했다.

이제 그는 독일에서 가장 유명한 젊은 과학자가 되었으며 1857년 바덴 정부는 31세의 헬름홀츠에게 과학 중심지로서 명성의 정점에 있는 하이델베르크 대학의 교수직을 제안한다. 그는 1858년 새로운 생리학 연구소의 설립을 약속받고 이를 받아들이는데, 마지막 순간 프로이센의 왕자가 본 대학에 남도록 설득했으나 소용없었다.

하이델베르크 대학 시절(Heidelberg: 1858~1871)

1858년 헬름홀츠는 하이델베르크 대학으로 옮겨 생리학 학과장을 맡았다. 그곳에서 물리학자 동료인 분젠(Bunsen) 및 키르히호프(Kirchhoff)와 성공적인 협력 관계를 맺어 이후 13년 동안 헬름홀츠의 경력 중 가장 생산적인 기간을 보낸다.

1858년은 음향 및 유체 역학에 대한 그의 주요 공헌— 〈음조의 조합(On the Combination of Tones)〉, 〈끝이 열린 파이프의 공기 진동(On Air Vibrations in Pipes with Open Ends)〉, 〈소용돌이 운동에 대한 유체역학 방정식의 적분(On Integrals of Hydrodynamic Equations which Correspond to Vortex Motions)〉— 을 발표한 '경

공명기

이로운 해'이다.

1863년, 헬름홀츠는 《음악이론의 생리학적 기초로서의 음감(On the Sensations of Tone as a Physiological Basis for the Theory of Music)》이라는 책을 출판하여 지각 물리학(physics of perception)에 대한 그의 관심을 다시 한번 입증하였는데, 이 책은 20세기까지 음악가들에게 큰 영향을 미쳤다.

헬름홀츠는 또한 공명기(Helmholtz resonator)를 발명하여 다양한 톤의 강도를 보여주었다. 이 장치는 지름이 다른 둥근 모양의 단단한 용기로 구성되어 있는데, 위쪽 끝에 작은 목과 구멍이 있고 바닥에는 큰 구멍이 있어 소리가 들어온다. 공진기의 상단 구멍, 즉 니플(nipple)을 귀 안에 넣으면 복잡한 소리의 특정 주파수를 뽑아내어 선명하게 들을 수 있다.

1866년까지 헬름홀츠는 감각 생리학에 대한 위대한 논문을 완성하고 물리학을 위해 생리학을 포기하는 것까지 고려하고 있었다. 1868년 그는 "생리학의 범위는 이미 어느 개인이 품기에는 너무 커졌고, 독일에는 번창하는 생리학 학교가 있지만, 독일 물리학은 잘 훈련된 젊은 신진 학자가 부족하여 침체했다"라고 썼다.

1870년, 베를린 대학의 명망 있는 물리학과 학과장직이 공석이 되자, 하이델베르크 대학의 동료인 키르호프(G. R. Kirchhoff)와 헬름홀츠가 주요 후보가 되었다. 베를린 대학 물리학과 교수진은 키르히호프가 뛰어난 교육자라고 선호했지만, 그가 거절해서 학과장 자리는 헬름홀츠에게 돌아갔다.

헬름홀츠는 당시 독일에서 가장 존경받고 가장 영향력 있는 과학자여서 높은 연봉과 전적으로 자신의 통제하에 있는 새로운 물리학 연구소의 신축을 요구했다. 국가가 그의 요구를 들어주어 1871년 헬름홀츠는 베를린 대학으로 옮긴다.

베를린 대학 시절(Berlin: 1871~1894)

1871년 헬름홀츠는 하이델베르크에서 베를린 대학교로 옮겨 평생의 꿈이었던 물리학 교수가 되었다. 베를린에서 보낸 23년 동안 그는 암페르(Ampère), 맥스웰(Maxwell), 헤르츠(Herz)에 의해 개발된 전

베를린 대학에 세워진 헬름홀츠 동상

기역학 이론에 집중했다. 헬름홀츠는 전자기학에 관심을 갖게 되었고 맥스웰 방정식에서 전자기 복사선을 예측하여 그의 이름을 딴 헬름홀츠 파동방정식이 명명되었다. 비록 헬름홀츠는 이 분야에 큰 공헌을 하지 않았지만, 그의 제자 헤르츠(Heinrich Rudolf Hertz)는 맥스웰의 연구에서 예측한 것처럼 전자기 복사선의 존재를 실험적으로 최초로 입증한 사람으로 유명해졌다.

헬름홀츠와 헤르츠는 함께 전기역학과 역학의 기초를 닦아 19~20세기의 전환기에 막스 플랑크(Max Planck), 알베르트 아인슈타인 등을 위한 토대를 마련했다. 더욱이 헤르츠의 전기역학 결과는 물리적 이론과 마찬가지로 기술의 필수 요소로 입증되었는데, 그 이유는 무선통신 혁명의 계기가 되었기 때문이다.

1882년 헬름홀츠는 베를린 아카데미에서 '화학 공정의 열역학'이라는 주제로 강연을 했다. 헬름홀츠의 연설 전까지 화학반응이란 반응하는 동안 발생하는 열에 의해 정량적으로 측정된 화학물질 간의 '화학적 힘' 또는 '친화력'으로 설명되었다. 따라서 자발적인 흡열반응의 발생은 이러한 전통에 따르면 화학적 친화력에 반하는 것처럼 보였기 때문에 항상 변칙적인 반응으로 제시되었다.

이 강연에서 헬름홀츠는 "화학반응의 친화성은 반응에서 발생하는 열이 아니라 반응이 가역적으로 수행될 때 생성된 최대 일에 의해서 주어진다"는 것을 증명했다. 1883년, 헬름홀츠는 자유에너지 개념을 다음과 같이 도입한다.

$A = U - TS$ (헬름홀츠 자유에너지)

U=내부에너지, S=엔트로피, T=절대온도

$dA(T,V) \leq 0$

즉, 어떤 반응이 일정한 온도와 부피에서 자발적으로 일어나려면 헬름홀츠 자유에너지가 감소하는 방향이어야 한다. 열의 발생으로 측정된 총 에너지 변화가 아니라 자유에너지가 반응의 방향을 결정한다. 이는 열역학에서 중요한 발전으로 그 개념은 오늘날에도 교과서에서 사용되고 있다.

그런데 일반적으로 대부분의 반응은 일정한 압력 조건에서 일어나므로 반응의 자발성 여부를 판단하는 데 일정 압력인 조건이 유용하다. 이 경우에는 다음 식이 성립한다.

$G = H - TS$ (기브스 자유에너지)

H= 엔탈피, S= 엔트로피, T= 절대온도

$dG(T,P) \leq 0$

따라서 일정한 온도와 압력에서 어떤 반응이 자발적으로 일어나려면 기브스 자유에너지가 감소해야 한다.

1882년 그는 황제로부터 귀족 작위를 받아 성 앞에 폰(von)을 붙여 헤르만 폰 헬름홀츠가 되었다. 1885년에 이르러 그는 독일 과학의 아버지이자 과학 문제에 관한 국가의 최고 고문이 된다. 그는 정확한 과학 및 정밀기술 연구를 위해 1887년 새로 설립된 물리기술제국연구소(Physico-Technicai Imperial Institute)의 초대 소장직을 맡았다. 헬름홀츠의 친구인 기업가 지멘스(Werner von Siemens)는 이 연구소 설립에 열렬한 지지자들 중 한 사람으로 50만 마르크를 기부했다.

결론적으로 헬름홀츠는 연구 성과뿐만 아니라 뛰어난 대중 강연과 교육자, 관리자로서의 활동을 통해 19세기 과학에 중대한 영향을 미쳤다. 헬름홀츠는 독일의 대학이 순수 교육 아카데미에서 조직적인 연구에 전념하는 기관으로 최종 전환되는 것을 목격했다. 그를 위해 세워진 하이델베르크와 베를린의 명망있는 연구소는 헬름홀츠와 그의 학생들에게 1860년 이전 유럽 어디에서도 할 수 없었던 연구의 가능성을 열어주었다.

여러 측면에서 헬름홀츠의 생애에서 그의 경력은 독일 제국과 마찬가지로 독일 과학이 유럽 대륙에서 사실상 패권을 차지했기 때문에 그 시대 독일 과학 자체의 전형으로 묘사된다. 1894년 9월 8일 헬름홀츠가 베를린에서 사망함으로써 고전 물리학과 기계적 세계관은 종언을 고하고, 이후 양자역학이 대두했다.

참고문헌

CHAPTER 1: 과학계의 라이벌

01 '영국의 다빈치' 로버트 훅 대 뉴턴의 전쟁

1) https://en.wikipedia.org/wiki/Robert_Hooke
2) https://askabiologist.asu.edu/content/robert-hooke
3) https://www.theguardian.com/books/2003/sep/13/featuresreviews.guardianreview19
4) http://www.ucmp.berkeley.edu/history/hooke.html
5) http://www.realclearscience.com/blog/2014/07/forgotten_newton_robert_hooke.html
6) http://www.telegraph.co.uk/news/uknews/1422928/Pioneering-scientist-erased-by-Newton.html
7) http://www.vigyanprasar.gov.in/scientists/rhooke.htm
8) http://journals.cambridge.org/action/displayAbstract?fromPage=online&aid=8845891
9) https://www.nlm.nih.gov/exhibition/hooke/influence.html
10) http://anthonydwilliams.com/2008/01/21/the-truth-about-isaac-newton/
11) http://www.aerospaceweb.org/question/history/q0162b.shtml
12) https://www.youtube.com/watch?v=n9m4Bkyhvns
13) https://www.youtube.com/watch?v=ztMZLdRNTok
14) https://www.youtube.com/watch?v=K6C9qqyyUaw
15) https://www.youtube.com/watch?v=0X38jcDecvY

02. 소크(Salk) 대 세이빈(Sabin)의 소아마비 백신 전쟁

1) http://www.smithsonianmag.com/history/salk-sabin-and-the-race-against-polio-169813703/?no-ist
2) https://www.chemheritage.org/historical-profile/jonas-salk-and-albert-bruce-sabin
3) https://newsatjama.jama.com/2014/08/21/salk-or-sabin-using-both-polio-vaccines-is-best-study-reports/
4) http://www.virology.ws/2015/09/10/why-do-we-still-use-sabin-poliovirus-vaccine/
5) https://norkinvirology.wordpress.com/2014/03/27/jonas-salk-and-albert-sabin-one-of-the-great-rivalries-of-medical-science/
6) http://io9.gizmodo.com/the-great-polio-vaccine-feud-1572296937
7) http://www.encyclopedia.com/topic/Albert_Sabin.aspx
8) http://www.encyclopedia.com/topic/Jonas_Edward_Salk.aspx
9) http://www.virology.ws/2007/09/07/polio-and-nobel-prizes/
10) http://sumonova.com/the-polio-vaccine-part-1-the-injected-vaccine-verses-the-oral-vaccine/
11) http://whale.to/vaccine/bayly.html
12) https://www.technologyreview.com/s/404390/the-myth-of-jonas-salk/
13) http://www.healthheritageresearch.com/Polio-Vaccine/PV-comHistory.html

03. 파스퇴르는 반(anti) 영웅인가? -논문 표절과 앙트안 베샹과의 논쟁

1) http://www.ncbi.nlm.nih.gov/pubmed/12122952
2) http://www.ncbi.nlm.nih.gov/pmc/articles/PMC3342039/
3) http://cassiopaea.org/forum/index.php?topic=5069.0
4) http://www.mnwelldir.org/docs/history/biographies/louis_pasteur.htm
5) Bechamp or Pasteur?: A Lost Chapter in th History of Biology, Ethel

Douglas Hume(1923)
6) Pasteur, Plagiarist, Impostor!: The Germ Theory Exploded! R. B. Pearson (1942)"
7) The Private Science of Louis Pasteur, Gerald Geison (Princeton University Press, 1995)
8) https://en.wikipedia.org/wiki/Antoine_B%C3%A9champ
9) http://arizonaenergy.org/BodyEnergy/antoine_bechamp.htm
10) http://www.curezone.org/forums/am.asp?i=1691964
11) http://www.selfgrowth.com/articles/reconciling-bechamp-and-pasteur-the-cell-theory-of-disease-vs-the-germ-theory-of-disease
12) http://www.mnwelldir.org/docs/history/biographies/louis_pasteur.htm
13) https://en.wikipedia.org/wiki/Vaccine_controversies
14) http://www.vaccinationinformationnetwork.com/rabies-pasteur-and-the-rabies-vaccine/
15) http://www.whale.to/v/germ.htm
16) http://www.oawhealth.com/learning/antoine-bechamp-science-medic

04. 미생물학의 창시자 코흐 대 파스퇴르의 전쟁

1) http://en.wikipedia.org/wiki/Koch%E2%80%93Pasteur_rivalry
2) http://forms.asm.org/microbe/index.asp?bid=52099
3) http://www.allsands.com/science/louispasteurro_ji_gn.htm
4) https://suite.io/zoe-bianchi/601s2q5
5) http://www.microbemagazine.org/images/stories/arch2007/aug07/znw00807000383.pdf
6) http://www.foundersofscience.net/past_koc.htm

05. 진화론의 선구자 뷔퐁 백작과 숙적 칼 폰 린네

1) https://en.wikipedia.org/wiki/Georges-Louis_Leclerc,_Comte_de_

Buffon
2) https://www.britannica.com/biography/Georges-Louis-Leclerc-comte-de-Buffon
3) http://www.ucmp.berkeley.edu/history/buffon2.html
4) https://evolution.berkeley.edu/evolibrary/article/history_06
5) https://www.famousscientists.org/georges-louis-leclerc-comte-de-buffon/
6) http://blogs.bl.uk/european/2017/09/the-father-of-evolutionism-georges-louis-leclerc-comte-de-buffon.html
7) http://bound.unm.edu/2014/02/11/charles-darwin-influential-theories-evolution-18th-centurytp://www.lewis-clark.org/article/2748
8) https://www2.palomar.edu/anthro/evolve/evolve_1.htm
9) http://www.nytimes.com/2008/01/01/travel/01iht-buffon.8973799.html
10) https://thedispersalofdarwin.wordpress.com/2007/09/07/happy-birthday-buffon/
11) https://listverse.com/2014/10/12/10-attempts-to-explain-life-without-darwinian-evolution/
12) https://io9.gizmodo.com/these-scientific-names-were-chosen-purely-to-insult-cer-1691360201

CHAPTER 2 : 과학계의 유명 가족 과학자들

06. 비극을 기적으로 바꾼 로블링 가족의 집념 -브루클린 다리의 건설

1) https://en.wikipedia.org/wiki/Brooklyn_Bridge
2) http://www.engineersjournal.ie/2015/04/21/brooklyn-bridge-construction/
3) http://www.engineersjournal.ie/2015/05/05/brooklyn-bridge-

roebling/
4) https://www.thoughtco.com/brooklyn-bridge-while-being-built-4122708
5) https://longstreet.typepad.com/thesciencebookstore/2017/03/brooklyn-bridge.html
6) https://fineartamerica.com/featured/5-brooklyn-bridge-1870-granger.html
7) https://www.history.com/topics/landmarks/brooklyn-bridge
8) https://www.asce.org/templates/person-bio-detail.aspx?id=11203
9) https://en.wikipedia.org/wiki/Washington_Roebling
10) https://www.asce.org/templates/person-bio-detail.aspx?id=11205

07. 퀴리 가의 모전여전 -마리와 이렌, 대를 이은 노벨상

1) https://www.britannica.com/biography/Frederic-and-Irene-Joliot-Curie
2) https://history.aip.org/history/exhibits/curie/2ndgen1.htm
3) https://en.wikipedia.org/wiki/Ir%C3%A8ne_Joliot-Curie
4) https://www.atomicheritage.org/profile/irene-joliot-curie
5) http://www.rsc.org/diversity/175-faces/all-faces/irene-joliot-curie/
6) https://history.aip.org/history/exhibits/curie/scandal1.htm
7) https://history.aip.org/history/exhibits/curie/war1.htm
8) http://www.pajiba.com/pajiba_storytellers/a-tale-of-two-sisters-eve-and-irene-curie.php
9) http://clinchem.aaccjnls.org/content/clinchem/57/4/653.full.pdf
10) https://www.uh.edu/engines/epi3087.htm
11) Obsessive Genius: The inner world of Marie Curie. Barbara Goldsmith. 2004. Norton and Company.: New York, New York, USA

08. 우주의 발견자 -윌리엄 허셜과 캐롤라인 허셜 남매 천문학자

1) http://www.esa.int/Our_Activities/Space_Science/Herschel/Caroline_

and_William_Herschel_Revealing_the_invisible
2) http://rsnr.royalsocietypublishing.org/content/63/1/111
3) https://en.wikipedia.org/wiki/William_Herschel
4) https://en.wikipedia.org/wiki/Caroline_Herschel
5) https://www.britannica.com/biography/William-Herschel
6) https://www.space.com/17432-william-herschel.html
7) http://www.bbc.co.uk/science/space/solarsystem/scientists/william_herschel
8) http://www.armaghplanet.com/blog/astronomer-musician-hero-deserter.html
9) https://www.famousscientists.org/william-herschel/
10) http://www-history.mcs.st-and.ac.uk/Biographies/Herschel_Caroline.html

09. 산업혁명 시대의 위대한 엔지니어 -마크 브루넬, 이점바드 브루넬 부자(父子)

1) https://www.bristolpost.co.uk/news/bristol-news/isambards-father-mark-brunel-actually-2829156
2) https://www.english-heritage.org.uk/visit/blue-plaques/isambard-kingdom-brunel/
3) https://uh.edu/engines/epi1405.htm
4) https://en.wikipedia.org/wiki/Isambard_Kingdom_Brunel
5) https://www.britannica.com/biography/Isambard-Kingdom-Brunel
6) http://www.bbc.co.uk/history/historic_figures/brunel_kingdom_isambard.shtml
7) https://www.bristolpost.co.uk/news/bristol-news/isambards-father-mark-brunel-actually-2829156

10. 근대 화학의 아버지와 어머니 -앙투안 라부아지에와 마리 안 라부아지에

1) http://uh.edu/engines/epi1673.htm
2) http://biography.yourdictionary.com/marie-paulze-lavoisier

3) http://link.springer.com/article/10.1007/s00897980249a
4) http://www.dallasnews.com/arts/books/2012/05/11/mayborn-the-mother-of-modern-chemistry
5) https://commons.wikimedia.org/wiki/Marie-Anne_Pierrette_Paulze
6) https://en.wikipedia.org/wiki/Antoine_Lavoisier
7) http://unintentional-irony.blogspot.kr/2007/11/lavoisier.html
8) http://www.famousscientists.org/antoine-lavoisier/
9) http://ajplung.physiology.org/content/305/11/L775
10) https://www.chemheritage.org/historical-profile/antoine-laurent-lavoisier
11) http://www.vigyanprasar.gov.in/scientists/ALLavoisier.htm
12) http://www.americanscientist.org/issues/pub/mme-lavoisier

CHAPTER 3 : 과학자의 윤리

11. 59층 시티은행의 붕괴를 막은 엔지니어 -윌리엄 르메시리에의 직업 윤리

1) https://en.wikibooks.org/wiki/Professionalism/William_LeMessurier_and_the_CitiCorp_Building
2) http://www.engineersjournal.ie/2015/12/08/citicorp-centre-tower-failure-averted/
3) https://en.wikibooks.org/wiki/Professionalism/William_LeMessurier_and_the_CitiCorp_Building
4) https://en.wikipedia.org/wiki/William_LeMessurier
5) https://www.theaiatrust.com/whitepapers/ethics/LeMessurier-Stands-Tall_A-Case-Study-in-Professional-Ethics.pdf

12. 발명 영웅에서 환경 파괴범으로 추락한 스타 과학자 -토머스 미질리

1) https://en.wikipedia.org/wiki/Thomas_Midgley_Jr.
2) http://pubs.acs.org/cen/priestley/1941midgely.html

3) http://allthatsinteresting.com/thomas-midgley-jr
4) https://www.britannica.com/biography/Thomas-Midgley-Jr
5) https://www.acs.org/content/acs/en/education/whatischemistry/landmarks/cfcs-ozone.html
6) https://www.realclearscience.com/blog/2013/10/the-well-meaning-scientist-who-destroyed-the-planet.html
7) https://www.newscientist.com/article/mg23431290-800-inventor-hero-was-a-oneman-environmental-disaster/
8) http://www.nasonline.org/publications/biographical-memoirs/memoir-pdfs/midgley-thomas.pdf
9) https://www.smithsonianmag.com/smart-news/one-man-two-deadly-substances-20th-century-180963269/

13. 엄마, 아빠 없는 출산의 시대가 도래하는가 -인공 자궁의 미래

1) https://geneticliteracyproject.org/2015/06/12/artificial-wombs-the-coming-era-of-motherless-births/
2) http://theday.co.uk/science/scientists-hail-new-era-of-motherless-babies
3) https://www.nextnature.net/2017/05/ectogenesis-artificial-womb-human-egg/
4) http://principia-scientific.org/artificial-womb-grows-baby-sheep-people-next/
5) http://joemiller.us/2017/04/artificial-wombs-mean-humanity-pre-born/
6) https://www.thesun.co.uk/news/1776276/men-could-have-babies-without-women-by-creating-artificial-eggs-from-skin-cells/
7) http://theday.co.uk/science/scientists-hail-new-era-of-motherless-babies
8) http://www.independent.co.uk/news/science/same-sex-couples-could-both-be-biological-parents-to-their-babies-with-new-

genetic-technique-a6781401.html
9) http://edition.cnn.com/2017/02/09/health/embryo-skin-cell-ivg

14. 맞춤형 아기와 유전자 가위 -네오(neo) 우생학의 등장인가?

1) http://www.economist.com/news/leaders/21661651-new-technique-manipulating-genes-holds-great-promisebut-rules-are-needed-govern-its
2) http://www.theguardian.com/science/2015/dec/02/why-human-gene-editing-must-not-be-stopped
3) http://www.sciencealert.com/scientists-debate-the-future-of-humanity-at-international-gene-editing-summit
4) http://www.statnews.com/2015/11/17/gene-editing-embryo-crispr/
5) http://en.unesco.org/news/unesco-panel-experts-calls-ban-editing-human-dna-avoid-unethical-tampering-hereditary-traits
6) http://www.nature.com/news/global-summit-reveals-divergent-views-on-human-gene-editing-1.18971
7) https://en.wikipedia.org/wiki/CRISPR
8) http://www.ft.com/cms/s/0/982798ec-94e9-11e5-b190-291e94b77c8f.html#axzz3ucOXEGRY
9) http://www.dailymail.co.uk/sciencetech/article-3341271/The-world-s-largest-cloning-factory-one-day-clone-HUMANS-Scientist-claims-technology-ready-public-opinion-isn-t.html

15. DDT는 정말 환경 파괴의 적인가?

1) http://www.rightsidenews.com/life-and-science/energy-and-environment/radical-environmentalism-s-death-campaigns/
2) http://www.wnd.com/2016/08/is-zika-a-sign-its-time-again-for-ddt/
3) http://www.tylerpaper.com/TP-Opinion/236618/ddt-should-be-our-most-powerful-weapon-against-zika

4) http://philadelphia.cbslocal.com/2016/02/01/dr-robert-zubrin-use-ddt-to-fight-zika-virus/
5) http://edition.cnn.com/2016/02/04/health/zika-virus-ddt-what-you-need-to-know/
6) http://www.newsbusters.org/blogs/business/sam-dorman/2016/02/18/evening-news-ignores-ddt-98-percent-zika-epidemic-coverage
7) http://deptmed.queensu.ca/blog/?p=1149
8) http://www.breitbart.com/big-government/2016/05/07/obama-administration-health-director-brazil-successfully-used-ddt-end-zika-virus-past/
9) http://nypost.com/2016/06/06/the-answer-to-zika-is-obvious-bring-back-ddt/
10) http://www.who.int/features/factfiles/malaria/en/
11) https://www.cato.org/publications/commentary/bring-back-ddt
12) http://www.frontpagemag.com/point/261639/ddt-might-have-stopped-zika-environmentalists-daniel-greenfield
13) https://www.cdc.gov/zika/
14) http://www.who.int/mediacentre/factsheets/zika/en/

CHAPTER 4 : 괴짜 과학자의 독특한 생애

16. 중세 유럽의 위대한 수학자 피보나치 -피보나치 수열과 황금비율·황금사각형·황금나선

1) http://www.world-mysteries.com/sci_17.htm
2) https://www.maa.org/external_archive/devlin/Fibonacci.pdf
3) http://www.storyofmathematics.com/medieval_fibonacci.html
4) https://nrich.maths.org/2563
5) https://plus.maths.org/content/life-and-numbers-fibonacci

6) http://www-groups.dcs.st-and.ac.uk/~history/Biographies/Fibonacci.html
7) http://www.maths.surrey.ac.uk/hosted-sites/R.Knott/Fibonacci/fibBio.html
8) http://faculty.evansville.edu/ck6/bstud/fibo.html
9) http://jwilson.coe.uga.edu/emat6680/parveen/fib_nature.htm
10) https://en.wikipedia.org/wiki/Fibonacci
11) http://www.goldennumber.net/art-composition-design/
12) https://en.wikipedia.org/wiki/Golden_ratio
13) http://www.goldennumber.net/spirals/

17. 약국의 견습생에서 노벨 화학상 수상자로 -앙리 무아상

1) https://pubmed.ncbi.nlm.nih.gov/18435983/
2) https://en.wikipedia.org/wiki/Henri_Moissan
3) https://www.encyclopedia.com/science/dictionaries-thesauruses-pictures-and-press-releases/moissan-ferdinand-fred
4) https://onlinelibrary.wiley.com/doi/full/10.1002/anie.200601600
5) https://cen.acs.org/articles/84/i47/1906-Chemistry-Nobelist-Henri-Moissan.html?ref=PUBS072018EJKJACSTimeline
6) https://www.chemistryworld.com/opinion/moissans-furnace/6232.article
7) https://www.britannica.com/biography/Henri-Moissan
8) https://www.thefamouspeople.com/profiles/henri-moissan-7159.php

18. 전기의 뉴턴, 앙페르의 마지막 행복

1) https://www.britannica.com/biography/Andre-Marie-Ampere
2) https://mathshistory.st-andrews.ac.uk/Biographies/Ampere/
3) https://nationalmaglab.org/education/magnet-academy/history-of-electricity-magnetism/pioneers/andre-marie-ampere
4) https://www.thefamouspeople.com/profiles/andre-marie-

ampere-535.php
5) https://www.bbvaopenmind.com/en/science/physics/andre-marie-ampere-the-newton-of-electricity/
6) https://www.newworldencyclopedia.org/entry/Andr%C3%A9-Marie_Amp%C3%A8re
7) https://www.elektormagazine.com/news/andre-marie-ampere
8) https://en.wikipedia.org/wiki/Andr%C3%A9-Marie_Amp%C3%A8re

19. 지구의 무게를 잰 괴짜 천재 -헨리 캐번디시

1) https://en.wikipedia.org/wiki/Henry_Cavendish
2) https://www.famousscientists.org/henry-cavendish/
3) https://www.britannica.com/biography/Henry-Cavendish
4) https://www.britannica.com/biography/Henry-Cavendish/Experiments-with-electricity
5) https://www.aps.org/publications/apsnews/200806/physicshistory.cfm
6) http://www.chemistryexplained.com/Bo-Ce/Cavendish-Henry.html#ixzz66dtlHKqK
7) https://www.phy.cam.ac.uk/history
8) http://www.creatingmycambridge.com/history-stories/newtons-apple-tree/

20. 마지막 르네상스맨 -헤르만 폰 헬름홀츠

1) https://mathshistory.st-andrews.ac.uk/DSB/Helmholtz.pdf
2) http://wavelets.ens.fr/PUBLICATIONS/ARTICLES/PDF/235.pdf
3) https://www.chemeurope.com/en/encyclopedia/Hermann_von_Helmholtz.html
4) https://www.newworldencyclopedia.org/entry/Hermann_von_Helmholtz
5) https://www.hzdr.de/db/Cms?pOid=40808&pNid=3254

6) https://en.wikipedia.org/wiki/Hermann_von_Helmholtz
7) https://alchetron.com/Hermann-von-Helmholtz
8) https://plato.stanford.edu/entries/hermann-helmholtz/
9) https://vigyanprasar.gov.in/helmholtz-hermann-von/

※ 이미지 출처 : 위키피디아, 구글

수학적 사고법

끈질기게 생각하고, 명쾌하게 설명하라

삼성·현대차 시험, 수학 어려워 진땀 뺐네

수학 문제로 종합적 정보 처리 능력 평가

(……)국내 대졸 취업 시장의 '쌍벽(雙璧)'인 삼성과 현대차의 인·적성 검사 당락은 '수학'에서 나뉠 것으로 보인다. 응시자들은 공통적으로 HMAT의 '공간지각', SSAT의 '시각적 사고' 분야가 가장 어려웠다고 말했다.(……)

삼성 관계자는 "이 같은 문제는 다양한 정보를 머릿속에서 취합한 후 종합적으로 사고하는 수학적 논리력을 측정하는 것"이라며 "기출 문제를 달달 외우는 식으로 준비한 학생들은 어려웠을 것"이라고 말했다.

– 2015년 4월 13일자 〈조선일보〉 기사 중에서

업무에서나 일상에서 어떤 일에 부닥쳤을 때 문제해결을 위해서는 분석하고 시행착오를 거쳐 해결방법을 찾아가야 한다. 그 과정에서 수학적 사고가 중요한 역할을 한다.

요시자와 미쓰오 지음 | 박현석 옮김 | 값 11,800원